海洋科普馆

风光旖旎的海洋岛屿

谢宇　　主编

天津出版传媒集团

天津科学技术出版社

图书在版编目（CIP）数据

风光旖旎的海洋岛屿/谢宇主编. —天津：天津科

学技术出版社，2009.7（2021.6重印）

（海洋科普馆）

ISBN 978-7-5308-1762-9

Ⅰ.风… Ⅱ.谢… Ⅲ.岛-世界-少年读物

Ⅳ. K918.44-49

中国版本图书馆CIP数据核字（2009）第110819号

海洋科普馆——风光旖旎的海洋岛屿

HAIYANG KEPU GUAN ——FENGGUANG YINI DE HAIYANG DAOYU

责任编辑：杜宇琪

责任印制：刘　彤

出　　版：天津出版传媒集团
　　　　　天津科学技术出版社

地　　址：天津市西康路35号

邮　　编：300051

电　　话：（022）23332399

网　　址：www.tjkjcbs.com.cn

发　　行：新华书店经销

印　　刷：永清县晔盛亚胶印有限公司

开本 710×1000　1/16　印张 10　字数 160 000

2021年6月第1版第4次印刷

定价：30.00元

目　录

岛国一览表

亲爱的读者朋友，当你摊开一张世界地图时，你可以从地图上找到很多的岛国。在这些岛国中，有些岛国有着非常有趣的别称。为了方便读者朋友了解这些岛屿、这些别称，更好地阅读本书，在这里，我们将向读者朋友简单地作一番介绍。

千岛之国

印度尼西亚的领土由13700多个大小岛屿组成，面积190多万平方千米。无论是岛屿数目，还是土地面积，它都是世界上最大的群岛国家。在它的1万多个岛屿中，有名称的只有6000多个，有人居住的仅有992个。据说"印度尼西亚"这个名称就是希腊文"水"和"岛"的意思，它历来被称为"千岛之国"。

椰子之国

菲律宾位于亚洲东南部的菲律宾群岛上。全年平均气温在26℃左右，降水量在2000毫米上下。这种优越的气候条件，使它成为热带水果椰子的最大生产国和出口国。在菲律宾，几

乎到处可以见到椰子树，全国约有1/3的人口直接或间接从事椰子生产。世界市场销售的椰子有1/4来自菲律宾。据说，它每年生产的椰子足够供应给全世界人口每人3个，因此，"椰子之国"的称号非它莫属。

印度洋的珍珠

斯里兰卡是南亚的一个富饶的海上岛国，处于印度洋航线的交叉点上，地理位置非常特殊。它的领土形状近似椭圆，犹如一颗珍珠，所以有"太平洋的珍珠"之称。由于古代对太平洋和印度洋没有划分明确界线，对浩瀚的大洋泛称"太平洋"。若按现在的大洋界线划分，确切地说，它应为"印度洋的珍珠"。

印度洋中的小大陆

据地质学家的研究，在1亿多年以前，马达加斯加岛是和非洲大陆连在一起的。随着地壳的变迁，岛的西部不断下沉，海水侵入，形成了莫桑比克海峡，马达加斯加岛也就和非洲大陆分离开来了。在千百万年的发展过程中，马达加斯加的自然环境，民族、风土人情和社会经济形成迥然不同的独特风格，因此有"印度洋中的小大陆"之称。

畜牧之国

太平洋西部的新西兰，是个畜牧业发达的岛国。畜牧业是这个国家经济的主要支柱，牧业土地占全国土地面积的1/2，畜牧业的机械化程度很

高，畜产品出口值占出口总值的70%以上，羊肉和奶油出口均为世界前列。全国养羊6000万只，牛1000万头（其中奶牛200多万头），平均每人拥有20只羊，3头牛，被人们称为"畜牧之国"。

世界鳄鱼之都

大洋洲的岛国巴布亚新几内亚，气候湿润，多沼泽地带，非常适于鳄鱼的生长繁殖。该国的鳄鱼养殖业极为发达，全国有300多个大、中、小型鳄鱼养殖场，饲养鳄鱼近2万条。其每年输出的鳄鱼皮达5万张，因此享有"世界鳄鱼之都"的盛名。

胖子的王国

南太平洋的岛国汤加王国，不论男女，都以胖为美，越是漂亮的女子，必定越肥胖，有些细腰的女子，为了掩盖自己的缺陷，想方设法用布裹腰以增加肥胖度。据统计，这里的男子平均身高1.81米，体重81.72千克；女子平均身高1.67米，体重72.4千克。而国王是全国最胖的人，体重为199.76千克。因此，汤加被称为"胖子的王国"。

长寿之国

南太平洋上的岛国斐济，全国人口68.6万人。令人惊奇的是，这个国家至今没有发现得癌症的人，据说，这是因为斐济人有吃杏干的习惯，杏干里含有丰富的维生素B，正是这种维生素B发挥了抗癌作用，所以人们的平均寿命很高，素有"长寿之国"的称号。

绿宝石岛

爱尔兰是西欧的岛国。由于受西风和北大西洋暖流的影响，冬季温和多雾，夏季凉爽，全年雨水比较均匀。这种气候虽然不利于农作物的成熟，但却促进了多汁牧草的生长。爱尔兰全国80%的土地是草地，碧草如茵，常年翠绿。无论从什么地方跨上这个国家的土地，见到的总是一片绿色。因此，人们给它起了一个美丽的名字——"绿宝石岛"。

冰与火之国

大西洋北部的冰岛，境内多火山、温泉和喷泉，也多冰原、冰川，它们构成了冰岛的两大自然奇景。该国有1/5的土地为冰原、冰川和火山熔岩所覆盖，因此，冰岛人民称自己的国家为"冰与火之国"。

泉水之岛

西印度群岛中的牙买加，由于大气降水和石灰岩地质构造的巧妙配合，地下水资源特别丰富，全境几乎到处都有淙淙的泉水，被称为"泉水之岛"。其中最多的是淡水泉，含有多种矿物成分，具有医疗的功效。牙买加的国名来源于当地最早的居民印第安人阿拉瓦克族的语言，意思也是"泉水之岛"。

香料之岛

西印度群岛中的格林纳达，气候条件优越，土壤肥沃，盛产各种热带作物。其中肉豆蔻（一种木本香料作物，所产的种子中含有浓烈的芳香）产量占世界总产量的1/3左右，是世界上最大的肉豆蔻产地。所以格林纳达人民把自己的国家叫做"香料之岛"。

幸运之岛

特立尼达和多巴哥是西印度群岛东南端的岛国。每年6～11月间，是加勒比海地区的飓风季节。这种风来自加勒比海以东的大西洋，风力常达12级，对加勒比海地区各岛造成巨大的自然灾害。飓风自东向西，进入加勒比海地区，最后到达中美尼加拉瓜海岸，然后进入墨西哥湾。特立尼达和多巴哥由于位置偏南，偏离飓风的路径，受飓风侵袭较少，所以特立尼达和多巴哥有

"幸运之岛"的称号。

飞鱼之国

西印度群岛最东端的巴巴多斯沿海一带，有许多珊瑚礁，是飞鱼最活跃的地方。渔民们每天捕捉的也主要是飞鱼。且厨师多是烹饪飞鱼的能手，用飞鱼制成的菜是巴巴多斯的名菜之一。因此，巴巴多斯有"飞鱼之国"之称。

世界糖罐

西印度群岛中的古巴，面积不大，却是世界上生产蔗糖的主要国家，其蔗糖年产量一般在600万吨左右，最高年产量可达850万吨，差不多平均每人1吨糖，所以古巴有"糖国"的称号。其生产的蔗糖主要向国外输出，是世界出口蔗糖最多的国家。因此，古巴又有"世界糖罐"的称号。

无土之邦

太平洋西部赤道附近的瑙鲁，面积仅有22平方千米。该国遍地是磷酸盐矿藏，没有土地，不能从事耕种，食物依靠进口。瑙鲁人出口磷酸盐，进口"土"，把土填在废弃的矿坑里，以造成土地，种植食物，被称为"无土之邦"。

美丽的岛国——新加坡

新加坡位于太平洋与印度洋之间的航运要道马六甲海峡的出入口，为世界海洋交通中心之一，是东南亚最大的海港。它北与马来半岛隔1.2千米宽的柔佛海峡，有长堤与马来西亚的新山相连。南与万岛之国——印度尼西亚隔新加坡海峡相望。境内以新加坡岛最大，东西最长42千米，南北最宽22.5千米，面积541平方千米，约占全国总面积的92.4%。岛上地势平坦，无山岳，最高点海拔170米，属于热带雨林气候，当地人称为"终年是夏，一雨知秋"的宝地。

新加坡凭借得天独厚的地理位置和自然条件，赢来"花园城市"的美誉。散发着浓郁香味的奇花异草和各种热带植物随处可见。城市清洁秀丽，地铁快捷方便，高楼大厦耸立，银行饭店比比皆是，每年都有数十万计的游客到此观光。

新加坡首屈一指的旅游胜地——圣淘沙岛是游客必到的度假之处。从风光绮丽的花柏山乘缆车，途径世界贸易中心抵达圣淘沙可使人大开眼界，它穿过陆地，越过海洋，远眺印尼的廖内群岛，饱览世界最繁忙的海港和市区的壮观，真让人有目不暇接之感。参观岛上的珊瑚馆、海事博物馆、蝴蝶园、昆虫馆、新加坡先驱人物蜡像馆、奇石博物馆、幻想之兰花公园、龙门和巨龙踪迹，还有炮台、令人着迷的音乐喷泉及具有亚洲各国风土民情的亚洲村等，至少要花去一天的时间。值得一提的是居亚洲之首的新加坡海底世界，最大的特色就是在水槽中有一条可供游客进入的隧道，透过隧道的玻璃纤维罩，可以尽情观赏来自马尔代夫、印度尼西亚和南中国海等水域的4000多条海鱼及各种罕见的海底生物。更为奇妙的是，让人感觉自己好像穿梭在大海的鱼群中，从而大饱眼福，获益匪浅。除此之外，具有百年历史的新加坡"唐人街"，建筑风格古香古色的老巴刹，苏丹回教堂，建于19世纪的阿卡夫大厦，带你进入奥妙宇宙的科学馆，享有东方迪斯尼乐园的虎豹别墅，曾经名噪一时的"人妖红灯区"白沙浮，名列世界前茅的裕廊飞禽公园，乐趣无穷的动物园，新加坡文物馆等也是游人休闲观光的好去处。

新加坡人口约250万人。其中华人占3/4，其余为马来人、印度人、巴基斯坦人、斯里兰卡人、欧洲人及欧亚混血种人等。每年除华人过春节外，还过圣诞节、马来人的节日及很值得一提的印度"屠妖节"。"屠妖节"是印度兴都教徒的新年，就像华人过年一样，每年11月，他们也要大扫除，迎接好运的到来。传说中印族兴都教守护神和地神生了一个恶魔，恶魔无恶不作，欺压众神，最后得到善良之神克里斯纳的救护，才消灭了恶魔，于是，大地重获光明，人们欢腾庆祝。所以在节日期间，印度人家家户户点灯，象征得到光明，并且欢迎幸运之神的降临。他们在屋门外也亮起一串串彩色灯泡，节日气氛非常浓厚。与此同时兴都庙宇从清晨5点半就让信徒祷告、念经及献花，整个印族社区热闹非凡。如果游客要在新加坡了解印度人的宗教文化，那么每年11月初赶赴狮城肯定会满载而归。

新加坡的饮食糅合了南北特色的中餐、粤菜、京菜、川菜、淮扬菜，甚至是福建菜、潮州菜和客家菜应有尽有。喜欢鲜红辛辣者，可以尝试印度餐、马来餐，日本的生鱼片，韩国的烧烤；欧陆菜、美洲菜，正统英国菜也都可品尝到，可谓身居一国，饱尝世界风味。

新加坡港区有长达三四千米的码头群，可同时容纳25艘大轮船。附近国家所产的锡、天然橡胶、石油等大多由此转运，为世界有名的转口港。同时又是亚、欧、大洋洲重要国际航空中心。新加坡当之不愧是腾飞在南亚上空，遨游在碧海之中的亚洲一小龙。

只有两个居民的岛国

1988年，锡德·亚伯拉罕和曼尼·亚伯拉罕兄弟俩花了2万美元向巴哈马群岛政府买下了一个无人居住的荒岛。该岛的面积仅0.3公顷，岛上除了岩石和沙土外，其他一无所有。他们将它取名为铁伯兹·费心德共和国。

年逾七旬的亚伯拉罕兄弟出生在美国的布鲁克杯城。他们在布鲁克林城拥有一家经营很成功的油漆供应公司。然而，兄弟俩对该项生意感到十分厌倦，便将公司拍卖，并买下了加勒比海上的这个袖珍岛屿作为两个人的共有财产，同时宣布其为共和国。

哥哥锡德出任"总统"，弟弟曼尼任"副总统"兼"总理"。遗憾的是，该共和国的公民仅有总统和副总统两人，老百姓一个也没有。锡德已离婚，曼尼的太太也已经过世。

岛上十分荒凉，没有水电等设施，根本无法住人。因此两人只好仍住在布鲁克林城，由于丢掉了油漆公司，又没有其他经济来源，兄弟俩的生活显得拮据。出人意料的是，1991年8月的一天，美国国务院的一位官员竟找上了亚伯拉罕兄弟的门。告诉他们，为了落实布什总统的"新世界秩序"政策，加强睦邻关系（该岛离弗洛里达洲仅50海里）和邻国的力量，美国政府决定从援助邻国的款项内拨出650万美元给他们。但又明确告诉他们，这笔援助款只能用作建设岛上的生活设施，如水电供应设施等，不能移作他用。

作为报答，铁伯兹·费尔德共和国"总统"和"副总统"同意一旦美国和古巴开战时，美国可以在该岛建造空军基地。但由于这个岛国实在太小，而且形状很怪，岛上几乎都是高低不平的岩石，只有像阳台大小的一块平地，因此最多只能停两架直升飞机。兄弟俩还决定把"驻美大使馆"设在布鲁克林市他们居住的房子内。"副总统"曼尼兼任"驻美大使"。

于是，兄弟俩准备先周游美国。理由是为了"响应"布什总统的睦邻政策，有必要先了解一下"邻国"的情况，并声称周游费用须在援助款内开支。他们还准备在周游回"国"时，选购91米的接水管，以便在供水船靠近小岛时把淡水输送到岛上去。

圣卢西亚岛国风情

在加勒比海东部小安的列斯群岛的向风群岛中部，有一个不大引人注目的小岛，它就是圣卢西亚岛。每当天气晴朗的时候，在它北面的马提尼克岛用普通的望远镜就可以看到它。当年哥伦布航海来到加勒比海的时候，相继发现了牙买加、巴哈马、古巴、海地，以及波多黎各等众多岛屿，可不知为什么却没有发现圣卢西亚岛。

加勒比印第安人世代居住在这个岛上，距今已有800多年的历史了。1651年法国殖民者占领了这个岛，1664年英国殖民者又取而代之。在此后的50年里，英、法殖民者长期争夺圣卢西亚岛，两个殖民主义势力交替占领该岛达14次之多。1814年，圣卢西亚岛沦为英国殖民地。1967年3月圣卢西亚岛实行内部自治，并成为英国的一个联系邦。1979年2月22日，

圣卢西亚岛正式宣布独立，成为加勒比海东部的一个岛国。圣卢西亚岛面积有616平方千米，人口13.3万，首都是位于岛北部的卡斯特里，人口约5万。岛上人口的90%以上为黑人，其余为混血人和很少的白人与印度人。官方语言为英语。由于圣卢西亚岛长期受英、法两国的殖民统治，当地人讲的英语中带有浓重的法语味道。

圣卢西亚人的生活充满了欢笑，他们还拥有一种善于夸张的幽默。在圣卢西亚中部城市苏夫列尔附近有一座叫吉米山的火山，当地的旅游协会称之为"世界唯一的活火山"。其实，那里不过是一处几个冒泡的热泥浆池。当地人还声称苏夫列尔是拿破仑的妻子约瑟芬皇后的出生地，却又说约瑟芬在她幼年时就随家人一起离开了圣卢西亚岛。其实，拿破仑的妻

子约瑟芬皇后是出生在圣卢西亚岛北面的马提尼克岛，并在她15岁那年随家人一同去了巴黎，后与当时还是青年军官的拿破仑结为伉俪。

圣卢西亚的经济不太发达，是一个发展中国家。岛上的交通十分落后，道路状况也不好，穿过岛上美丽的热带丛林的公路弯弯曲曲，坑洼不平。圣卢西亚的经济虽不发达，但这里却是一个旅游的好地方。加勒比海的海水清澈透明，非常适合潜水旅游。在圣卢西亚岛西岸，有一处由两座火山环抱的海湾，这里风平浪静，水下长满了五光十色的珊瑚，

成为各种海洋生物的乐园。潜入水下，你就能见到许多形态各异、色彩纷呈的海洋生物：天使鱼、鹦鹉鱼、海马、海绵、海蟹和龙虾等。它们在珊瑚丛中游动，悠然自得。潜水游在它们中间，仿佛自己也成为它们当中的一员，一起享受大自然的恩惠。

圣卢西亚还是航海者的乐园。每年11月份，水手们驾驶各种帆船从欧洲各地出发，横穿大西洋来到这里，进行每年一度的冬季航海。

圣卢西亚有两个很好的天然海湾，一个是在卡斯特里北面的罗德尼湾，海湾内可以停泊140余艘帆船。

当热带风暴袭来时，这里就是一个极好的避风锚地。另一处海湾在马里格特湾的南面，从陆地延伸出去的岬角，成为海湾的天然屏障。

圣卢西亚有一艘极有名气的双桅帆船，它就是参加过著名电视连续剧《根》的拍摄的"独角兽"号。"独角兽"号1948年在芬兰建造，近半个世纪的海上生涯，不仅没有使它退休，反而因为《根》的拍摄使其名声大噪。在电视连续剧《根》中，"独角兽"号充当一艘贩运奴隶的船舶，许多游客就是专门慕名而来。"独角兽"号能载140多名游客，它每周两次从卡斯特里出发，沿着海岸航行至苏夫列尔，观赏圣卢西亚岛美丽的风光。乘上古色古香的帆船，航行在加勒比海上，头上是蓝蓝的天空，周围是白色的浪花，不远处是令人神迷的圣卢西亚岛，受到惊吓的飞鱼不时掠过海面，鲸也常常探出头来，喷出一朵朵水花，真是令人赏心悦目。

圣卢西亚茂盛的热带雨林，良好的港湾和壮丽的风景，吸引了不少电影导演来此拍摄镜头。著名电影导演克里斯托弗来到这里为他的《超人》第二集拍摄镜头，电影《杜利特尔医生》的许多镜头也是在这里拍摄的。现在，岛上有些建筑就是以电影中的人或事来命名的，例如海滩上的一座旅馆的名字就叫"杜利特尔"。

圣卢西亚最壮丽的景观恐怕要算是耸立在岛西南部的大、小皮通斯山了。这是两座直立的岩石山峰，从远处看，两座山峰就像两个鹤嘴，直直地耸立在加勒比海中。从皮通斯山茂密的热带雨林中小别墅的平台上，可以看到被两峰环抱的海湾。到了夜晚，在这寂静的皮通斯山中别墅的平台上，开上一瓶当地的海盗牌朗姆酒，看着月亮从皮通斯山后慢慢升起，流星不时划过夜空，闪烁着坠入海中，这才真正领略到圣卢西亚的独特风情。

避暑胜地——王子岛

从首都伊斯坦布尔南行，9座美丽的小岛如9颗绿宝石镶嵌在马尔马拉海东北，这就是世界闻名的避暑胜地王子岛。

王子岛历史悠久，有许多传奇般的故事。史载最早在岛上建造夏宫的是公元6世纪拜占庭帝国的查斯丁二世皇帝。19世纪以前，岛上寺庙和修道院林立，故王子岛一直被称为帕帕多尼西亚，即僧侣岛。后来，这里成为黑暗的政治牢笼，许多持不同政见的教士和先前的王公贵族被流放或囚禁在这里。正如一位史学家所述："没有任何其他地方可以看到如此多的王子和公主们被烧红的铁棍烫得这样惨，这里是世界上帝国贵族最黑暗的葬地。"

请看历史的一幕：公元797年，在拜占庭帝国首都康士坦丁堡的皇宫里，历史上最狠毒的艾琳皇后竟然自立为女皇。她不仅废黜了自己的亲生儿子，还指使手下将儿子截了肢，使之在屠刀下惨不忍睹地死去。随后不久，为防后患，她又将自己的孙女以莫须有的罪名流放到王子岛上一座新建的修道院，这就是著名的艾琳修道院，可怜的优佛拉希妮公主在这座修道院里度过了漫长的岁月。所幸的是，艾琳女皇恶有恶报，不久也被废黜和流放，并死于希腊的莱斯沃斯岛。美貌的公主虽然饱经风霜，但风韵不减，与执政的迈克尔大帝一见钟情。迈克尔大帝废黜了自己的妻子，娶优佛拉希妮公主为妻。婚后仅几个月，迈克尔大帝去世，继位的儿子想念生母，恢复了被父亲放逐的母后地位，优佛拉希妮又被流放，老死在王子岛的修道院里。时光流转到1929年，前苏联著名的托洛茨基也被斯大林流放到王子岛，在一所阴暗的房子里度过了5个春秋，并写下了他的《俄国革命史》一书。如今托洛茨基当年所住的房子仍在，只是被改装为公寓。据介绍，王子岛中有一个称为雅西的小岛至今仍然封闭着，因为整个小岛就是昔日最黑暗的监狱。

王子岛中的布吕克岛，是避暑的胜地。人们登上此岛，立即置身于土耳其那特有的度假情趣之中，心中的一切烦恼便会一扫而光。吉卜赛人一面拨动手中的琴弦，一面向周围人群逐个传示吉卜赛人特有的宽边帽。一些生意人总是和颜悦色地向游人兜售土耳其特产挂毯，用火点燃扯下的丝绒，向人们证实不是水货，而是货真价实的纯羊毛制品。他们还不厌其烦地讲述挂毯色彩的寓意，例如红色意味着富有，蓝色象征高贵，黄色表明已把魔鬼拒之于岛外，棕色意为情谊，绿色表示天空等。听到这迷人的说教，谁都愿意花钱买真货、买吉利的。

岛上除了比比皆是的海滩塑料拖鞋摊点和海鲜餐馆外，最有特色的东西还有两件，即土耳其特有的消夏凉亭和四轮有篷马车。19世纪的土耳其建筑师们创造了消夏凉亭这种特有的建筑风格，它古朴典雅，享有"奥斯曼姜饼式建筑"的美名。

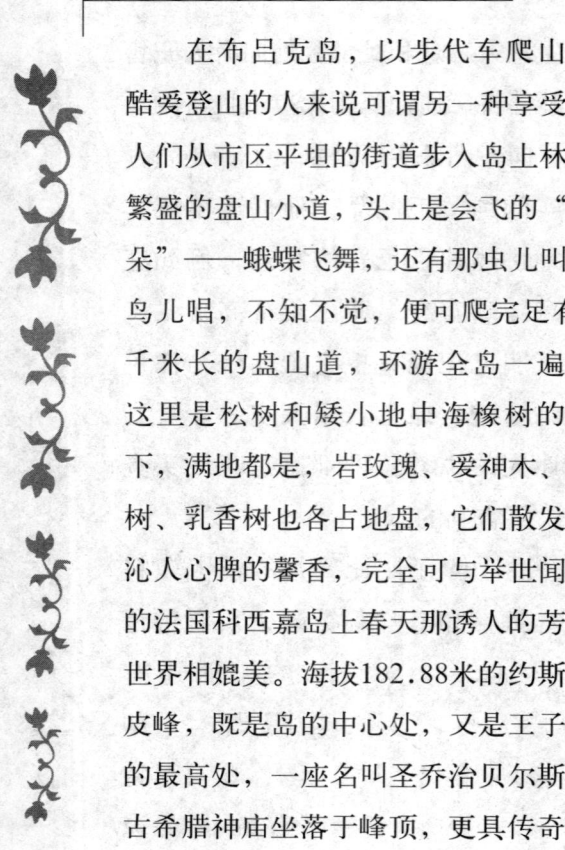

在布吕克岛，以步代车爬山对酷爱登山的人来说可谓另一种享受。人们从市区平坦的街道步入岛上林木繁盛的盘山小道，头上是会飞的"花朵"——蛾蝶飞舞，还有那虫儿叫、鸟儿唱，不知不觉，便可爬完足有6千米长的盘山道，环游全岛一遍。这里是松树和矮小地中海橡树的天下，满地都是，岩玫瑰、爱神木、桧树、乳香树也各占地盘，它们散发的沁人心脾的馨香，完全可与举世闻名的法国科西嘉岛上春天那诱人的芳香世界相媲美。海拔182.88米的约斯特皮峰，既是岛的中心处，又是王子岛的最高处，一座名叫圣乔治贝尔斯的古希腊神庙坐落于峰顶，更具传奇色彩。传说很久以前，一位牧羊人来到这里，突然听到地下有铃声，觉得必有讲究，便寻声坚持不懈地向下挖，结果真是挖到一幅圣像，于是人们便在这块宝地上建了神庙，后来这里便成为人们用以解脱心中烦恼的仙地。有趣的是，通向神庙的山道仅有一条，信教的游人为了使这条石头铺成的小道永保洁净，在路边捆了一些布条，以供行善的人们擦洗铺路石之用。据看庙门的老者说，殿堂内的祈祷间的地板上曾安有铁环，以拴锁那些前来祈祷的患疯病的人。现在人们正准备对破旧的神庙进行修复，届时它将以更加诱人的姿态吸引游客。

富有原始色彩的所罗门群岛

在西南太平洋辽阔的洋面上，有大大小小数百个岛屿，跨过世界上最大的珊瑚海，自西北向东南延伸，绵亘数千华里。其间，参差的珊瑚礁犬牙交错，伸向海面，围拦海水，形成一个个波光潋滟的泻湖。湖边森林丛莽，草木繁茂，海浪拍打礁堤，卷起朵朵浪花，瓦蓝的天空中，海鸥盘旋，展现了一幅色彩绚丽的风光画卷。这一片翠链般的岛屿就是闻名于世的所罗门群岛。

据圣经旧约全书的神话故事，大约在公元前986年，大卫国王有个儿子叫所罗门。所罗门自小聪颖伶俐，智慧过人，12岁那年即接替父业登上王位。由于他治国有方，善于经商，使得国库充盈，建造了富丽堂皇的王宫庙宇，亭榭楼阁。因此名声大振，吸引邻国纷纷朝贡，所罗门国王也就成为财富的象征。

1568年，西班牙探险者门达纳，乘船从南美洲的秘鲁向太平洋进发，寻找圣经传说中的所罗门国王的财富。他先后发现了圣克里斯托巴尔岛和瓜达尔卡纳尔岛。他看到岛上居民佩戴金质饰品，便以为找到了所罗门珍宝之岛，立即向上司报告，在报告中首次将这两个岛屿称为"所罗门"。所罗门群岛也就渐渐闻名于世了。

所罗门群岛地处美拉尼西亚群岛的中部，是个典型的美拉尼西亚国家。"美拉尼西亚"是希腊语"黑色群岛"的意思。为什么所罗门群岛也叫黑色群岛？传统的解释是所罗门人属美拉尼西亚人种，肤色黧黑，故命之。

在所罗门群岛东部的马莱塔岛的劳乌地区的风平浪静、绿水粼粼的泻湖中，建有一座座小巧玲珑的人造

— 15 —

岛。其中，大的有上千平方米，小的也有几十平方米。至于形状，长方的，正方的，椭圆的，曲尺形的，多姿多态，一个挨着一个，簇簇拥拥，俨然一座"水上城市"。

至于人造岛的来历，多数人认为，所罗门气候炎热，水草丛生，蚊蝇肆虐，于是人们逃到水上居住。人造岛上，幢幢农舍，座座村落，风格大同小异。房屋均用椰树干作柱梁，椰叶茅草缮顶，竹子围墙。房子高出地面数尺，与我国的傣族竹楼颇为相似。但要低矮得多。

岛民衣食非常简单。因为天热的缘故，男的只围一条叫"拉帕一拉帕"的布裙子，女的通常也只穿短裙，整天赤脚，她们在被晒得滚烫的沙路上走来跑去，若无其事，像是一副铁脚板。至于饭食，远非像我国那样有南北之别，米面之分。所罗门全国都吃木薯、香蕉、椰子、菠萝、木瓜和金枪鱼。他们吃香蕉，是将碧青的香蕉煮或烤后食用。他们吃鱼，全靠自己捕捉。捕捉的方法相当原始，或使弓箭，或用长矛，甚至还有别出心裁地使用风筝垂钓，但更多的则是绳钓。在细细的尼龙绳上拴个铁钩，串上个小鱼作为饵料，放入水中不久便可有收获。上钩者大多是石斑鱼，小的1千克左右，大的几十千克。他们吃鱼，烹调非常简单，白水一煮，洒点食盐，一口香蕉一口鱼，吃得倒

也津津有味。

所罗门群岛是自给自足的自然经济，尤其在偏僻的农村，还过着原始的部落生活。西部地区的村落里，母系社会的遗风犹存，母亲为一家之主，主持家政，处理社会纠纷，采用的基本上是女耕男猎的生活方式。女子负责清理庄园，耕耘土地；男子大多捕鱼狩猎。家庭富裕程度的标志不是看有多少钱财，而是看拥有多少头猪。现代货币虽然也在岛上流通，但人们的金钱观念十分淡薄，还在进行着以物易物的原始交易。

他们也使用自己的特殊货币，最有代表性的是羽毛货币和贝壳货币。羽毛钱是用一种红蜂鸟和棕色鸽的羽毛制成。一卷羽毛钱有约27米长、5厘米宽，大约需要500只鸟的羽毛。羽毛钱现在已很少见了，一般是应顾客要求才制作。因此，要获得羽毛钱，必须征得三位祖传艺人的同意，即一位捕捉鸟、鸽，一位整理羽毛，一位进行编织。羽毛钱是用两根长线编织起来的，这是一种十分细致并且技术性很强的工作。羽毛钱作为一种稀罕的工艺品，供游览者了解所罗门的经济、文化传统。

与羽毛钱一样，贝壳钱也相当名贵。贝壳钱是用海里捡来的贝壳、海豚牙齿或蝙蝠牙齿做成。贝壳钱是不准出口的，但一些商人千方百计地收购贝壳钱，从中牟利。

所罗门的特色木雕是守护神，它是用名贵的硬木雕刻而成，头部占身体的4/5，双眼向上，鼻子前冲，两手捧着尖尖的前额，两颊上饰以镶嵌，光亮细腻。整个形象夸张、粗犷、质朴，很富原始色彩。据传说，这种守护神是继羽毛钱和贝壳钱之后，富有代表性的所罗门工艺品。

吞没海船的塞布尔岛

塞布尔岛是加拿大东南新斯科舍半岛以东约300千米的一座孤零小岛，东西长40千米，面积约80平方千米。几百年来，这座小岛吞没了500多艘海船，丧生者达5000多人，因而素有"坟场"、"鬼岛"之称。塞布尔岛的来历，颇具离奇色彩。许多人根据其英文岛名，发现它的形容词词意就是黑暗的、悲惨的、恐惧的；英国地图则标示为"军刀"，系根据该岛两头尖，中间宽，形狭而弯而得名。历史学家考证，"塞布尔"这个岛名是法国航海家列里所取。他曾于1508年从欧洲抵达新斯科舍半岛途中巧遇这座小岛。他根据这个因细沙冲积而成的小岛取名，而这个词在法语里就是"沙子"的意思。

海船惨遭厄运的罪魁是谁呢？原来，塞布尔岛恰好处于墨西哥湾的暖流与巴芬湾的拉布拉多寒流的相汇处，在洋流和海浪的共同推动下，大量的沙土沉积在这里，组成了一座约长120千米、宽6千米的海上沙滩。海洋学家又惊奇地发现，塞布尔岛又是一座流动的海岛，源于洋流与冲浪的持续作用，使海岛西端逐渐冲垮，东端则逐渐向外延伸的局面，产生了海岛东移的景观。经测定，近两百年来，该岛向东移动了足有20千米，今天，仍以每年230米的速度在移动。这里埋葬着各个历史时期的船，有古代海盗的尖头小舟，西班牙和葡萄牙老掉牙的粗笨武装船和大帆船，有松木制的十分坚固的捕鲸船，还有英国的快速帆船及西印度公司的有名的三桅载重船。这些海船大都遭风暴袭击后被沙海吞噬，也有因雨雾迷航触岛或激流冲入沙海而遇难。一艘19世纪被塞布尔岛沙丘吞没的英国快速帆船，直到20世纪60年代才重见天

日。当航海学家看到那坚固的柚木船身露出沙底仅3个月后，重返原地探查时竟无影无踪，原来它又沉没在30米以下的沙丘中。沙丘中的沉船给塞布尔岛居民带来巨大的财富，岛民们经常挖掘到有价值的古币，至于军刀、火枪偶有发现，还有那折断的桅杆、烟囱、锅炉、缆钩、船锚等组成了一座船舶的文物馆。

塞布尔岛具有极大的隐蔽性，海拔不高，航行时难于发现，天气晴朗时才能望见露出海面的海岛，可见度极低。一位灯塔管理员亲眼目睹排水量高达5000吨、长100米以上的海船误入海岛沙滩，仅3个月被沙泥埋没。为此，各国海员纷纷要求政府在岛上建立灯塔和救生站。但英国、法国和荷兰等国都不愿在这座毫无价值的沙岛上花钱。直到1800年，一个偶然的机会，英国政府官员从新斯科舍半岛的渔民手中发现了珍贵的金币首饰，机敏的英国人立即想到，"弗莱恩西斯"号海船曾从新斯科舍半岛起航前往英国伦敦途中遇难，正是这艘海轮上载有约克公爵家中的私人物品。于是，英国海军部分析得出结论，断言"弗莱思西斯"号遇难后，船员必定登上了塞布尔岛并

被岛民杀害。不到一年，英国"阿布莉娅公主"号沉没于塞布尔岛沙丘，闻讯赶来救援的另一艘海船也同遭厄运，船员全部丧生。一连串的海岛灾难迫使英国政府下了建救生站的决心。

塞布尔岛的第一个救生站始建于1802年，离海岸150米处。站内养有一群马，每天有4位救生员骑着马，两人一组巡逻在岛边。发现警报后，值班水手立即将四匹马套在一处，驾驶快艇奔赴遇难点。同时岛上救生员、灯塔管理员也骑马赶到现场，协助将船上的缆绳抛到岛上，以免船只隐没于泥沙中。救生站的建立使许多海船脱险。例如，1879年7月15日，美国一艘名为"什塔特维尔基尼亚"号客轮，载重2500吨，船长110米，从美国纽约驶往英国格拉斯哥时，在迷雾中于塞布尔岛的沙滩搁浅，在救生站全体人员鼎力相助下，船上129名旅客全部脱险。

今天，岛上现代化设施齐全，东西两座灯塔闪烁的灯光远在30千米外也能看到。岛上一天24小时向各国航船发送警报，塞布尔岛平安起来。尽管如此，塞布尔岛上的救生员仍然每天骑着马儿，警惕地巡逻在海岸线上。

世界最大的珊瑚礁群

距澳大利亚的东北海岸，分布着世界上最大的珊瑚礁群——大堡礁。它们星罗棋布地绵延在南北长2000多千米，东西宽150多千米的珊瑚海上，或露出海面成为礁岛，或藏于水下成为暗礁。这3000多个礁岛暗石，就像兄弟姐妹般，它们手拉手，形成一道天然屏障，阻挡着狂风恶浪，保护着在这里生活着的众多海洋生物。当然，要在这礁连礁、岛连岛的地方航行也绝非易事，水手们不仅要小心那些露出于海面的礁岛，更要警惕那些让人心惊胆战的暗礁。尽管这里常常是风平浪静，可它不知让多少船只受骗上当。所以，在使用现代清礁技术和设置航标之前，这里是世界上最危险的航道之一。

大堡礁是怎样形成的呢？这巨大的礁体原来是小小珊瑚虫造就的。珊瑚是热带海洋中的古老生物，别看它们花枝招展、绚丽多彩，可它们是地地道道的腔肠动物。成千上万个小珊瑚虫聚居在一起，死后留下骨骼，老一代死了，新一代又"继承遗志"，代代相传。日久天长，渐渐就形成了奇形怪状的珊瑚体。它们自强不息，不怕狂涛巨浪的冲击，咬定礁石不放

松。它们不断地死亡，不断地堆积，又不断地生长，代代相沿，千千万万年以后，终于成为巨大的珊瑚礁群。大堡礁礁体大约是由350多种珊瑚礁虫的骨骼堆积而成的，这一带海域有4000多种软体动物和1500多种鱼类，还栖息着儒艮、大绿龟、玳瑁等濒临绝迹的动物以及数千种海鸟。海洋植物中的藻类为千百个礁体镶嵌上红色礁冠，煞是美丽。大堡礁具有重要的旅游价值，是目前世界最大的最美丽的海洋公园。

说起大堡礁的被发现，还有这样一段惊心动魄的故事。1770年4月，英国探险家库克率领"努力"号远航，以探索当时西方航海家尚未涉足的澳大利亚海岸。当他们航行了两个多月后，"努力"号驶进了一片美丽的海域，左面是优美的海湾，右面是珍珠般的海岛。船员们在风平浪静的海域里行驶，都说似在天堂里飞翔。库克也特别的兴奋，他说自己从来没有遇到过这样理想的航道。一连几天，人们都沉浸在快乐的航行中。俗话说：天有不测风云。一天，当太阳快下山时，海面上突然狂风大作，巨浪一次次向"努力"号打来。这时，船员又向库克报告，海水忽而浅到几十英尺，忽而又深到100多英尺。库克大惊，水深的剧烈变化说明水下暗礁重重。库克命令船员放低船帆，以最慢的速度试探性前进。不久，风平浪静，海水深度亦保持在100米以下。可没过多久，上面的险情就又来了。这样几次以后，"努力"号终于大量渗水，库克确信船已触礁。因为船是在落潮时出的事，因而库克把脱离危险的希望寄托在次日清晨的涨潮上，期待潮水的力量能冲动船只。哪知早潮水量很小，脱险的希望落空了。库克只好命令船员用水泵抽水，最终，库克命令将船上包括6门大炮在内的60吨物资抛入大海，这才在涨晚潮的时候使"努力"号浮了起来。所幸的是，撞破了船底的珊瑚礁夹在漏洞中，船才没有大量进水。"努力"号艰难地走了一段路程才靠岸，费了一个多星期的时间才把漏洞补好。在这一个星期的时间里，库克登上澳大利亚大陆，给袋鼠命名为"听不懂"，并猎食袋鼠以补充抛入大海的食物之缺。直到8月份，库克率领的"努力"号才闯过许多危险的弯道，用小船探找到了迷宫般的珊瑚礁航道，这才脱离了表面温和实际险恶丛生的大堡礁。

风情浪漫的塔希提岛

在太平洋中，有一个被人们传说是由鱼变成的岛屿。它就是塔希提岛。

塔希提岛的形状呈"B"字形，由一大一小两岛连接而成。传说，塔希提原是一条五彩斑斓的大鱼，遨游于海波之中，后来不慎被海草绊住，动弹不得。大鱼不甘心失去自由，常常摇鳍弄尾，搅得海水不得安宁。天神不得已，只好切下它的尾，迫使它镇定下来。经过千百万年，彩鱼化为今日的两个海岛。岛上每个土著居民都对这个美丽的传说深信不疑。因为塔希提的轮廓的确像条游于深海中的彩鱼，大岛似鱼身，小岛似鱼尾。鱼鳍摇动不安就是火山岛时时发生的地震，天神切尾的刀痕就是两岛之间被海水浸蚀而成的地峡，而岛上色彩缤纷的花、树便是那大鱼斑斓的鱼鳞了。

塔希提岛面积1042平方千米。岛中央为火山地区，山势雄峻，瀑布挂满山腰。沿海有狭长肥沃的平原。塔希提岛阳光充足，雨水充沛，林木苍郁，遍地果树飘香，海水湛蓝，海滩洁白，风情浪漫迷人。

1767年英国航海家萨米尔 瓦利斯首先发现此岛，

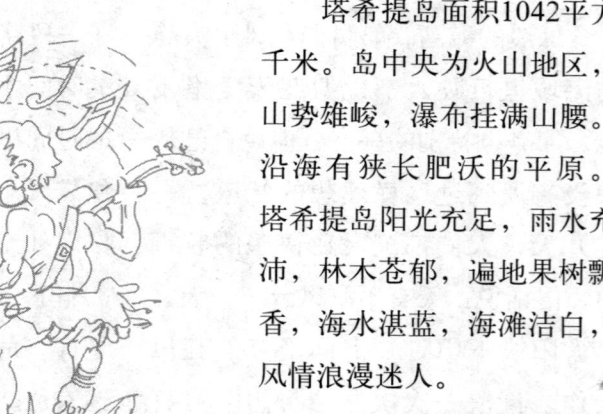

他惊讶这里的美妙，便称其为"海上仙岛"。次年，法国航海家布干维尔踏上小岛，他深深爱上这天堂般的世界，命名这个小岛为"新西提尔岛"，即"爱神维纳斯诞生之地"的意思。著名的库克船长已是来访此岛的第三者了。塔希提的美名也随航海家们逐渐传遍世界。世界著名的文学大师梅尔维尔、史蒂文森、杰克·伦敦都到过这里。法国著名印象派大师高更慕名而来，立即被这美丽的岛所深深吸引，几度逶巡，最终抛弃了花都巴黎，独自来岛定居，以印象派手法和大胆色彩，绘下塔希提岛明媚动人的南国风光和人物，高更的画使塔希提之美名传遐迩，从而引来许多欧洲人在此落户。20世纪60年代美国以塔希提迷人风光拍摄了影片《叛船喋血记》，塔希提从此更是名声大噪。如今，塔希提已成了南太平洋群岛中最现代化的观光胜地。

塔希提岛上的居民3/4以上是波利尼西亚土著，他们个个体态健美，皮肤黑里透红，乐天忘忧，浪漫不羁，淳朴善良，勤劳勇敢又能歌善舞，凭着大自然的慷慨赐予，过着自给自足的渔耕生活。塔希提还有近万华人，他们将塔希提岛叫"大溪地"。

岛上盛行草裙舞，具有波利尼西亚的鲜明特色。在皮鼓、吉他声中，只见一个个黧黑俊俏的姑娘，身穿稻草编的金黄色短裙，头戴饰以贝壳的高顶草帽，手擎稻草翩翩起舞，使人快乐无比。

每逢佳节或吉日良辰，岛民们要以投标枪、赛龙舟庆祝。龙舟赛很像我国端午节的赛龙舟。相传在五六世纪时，他们的祖先是驾着木舟从东南亚来岛上的。比赛时，几十条细长的木船上，各载五六个小伙子。他们袒胸露臂，奋力划桨，激起白浪千条，踏破碧波万顷。沿岸男女老幼摇旗呐喊，助威助兴，场面十分热烈。

塔希提岛上终年有盛开的鲜花，四时常熟的瓜果。最珍贵奇异的是蒂河爱花，它芬芳馥郁，香气袭人，人们最喜欢把它编成花环，套在颈上，挂在胸前。

这里椰子产量颇高。面包树则枝繁叶茂。圆圆的果实每个重约一二千克，煨熟后味如面包，香甜可口，是土著人的主要食粮。岛上还盛产香蕉、柚子、芒果、木瓜、菠萝和西瓜。

新喀里多尼亚岛

新喀里多尼亚是太平洋西南部的一组岛屿。其地理位置大约在美拉尼西亚岛群的南端，由新喀里多尼亚岛和一些小岛组成，陆地总面积19130平方千米，而新喀里多尼亚岛的面积就有16750平方千米。

新喀里多尼亚岛的样子又窄又长，如一艘巨大的独木舟漂游在湛蓝湛蓝的海水中。岛上有许多高高矮矮的山峰，海岸曲曲折折的，由此而有一些优良的天然港湾。岛四周被珊瑚礁环抱着，海浪一波一波地打在岛礁上，激起隆隆的涛声和雪白的浪花，景色动人而且壮观。

新喀里多尼亚岛上有两列平行的山脉，它们纵贯整个小岛，最高峰帕涅山高1628米。岛周珊瑚礁环绕，其长度仅次于澳大利亚大堡礁。所以新喀里多尼亚岛上的堡礁也是非常壮观的，且有很高的观赏价值。

整个岛上到处都是奇花异卉、珍贵树木。1874年英国探险家库克船长经此，望着岛上风光，觉得颇似苏格兰的森林丘陵，遂在古罗马人对苏格兰的拉丁语古称"喀里多尼亚"（意为森林地区）前面加了一个"新"字，把这里取名为新喀里多尼亚。1792年法国对该岛进行了全面勘查，1853年该岛被法国占领后逐渐成为放逐罪犯之地。现在岛上的欧洲人中，有些还是当年巴黎公社革命者的后裔。由于法国的长期经营和文化的移植，使岛上有着浓郁的法国风韵，被世人称为"南太平洋上的小法国"。

新喀里多尼亚岛地下蕴藏着雄冠世界的镍矿，占世界探明镍矿总储量的1／4。岛上的镍矿床分布在长约400千米、宽约50千米的范围内，共有1500多个矿体，每个矿体都有相当大的规模，而且品位稳定，开采方便，为此吸引了许多亚、欧人来此开矿，如今这里已是世界上最重要的镍产地之一。岛上兴建有现代化的炼镍厂。镍矿石和镍金属的年产量居世界第三位。这里的生活水准不亚于法国本土，所以有不少法国人来此谋求职业。

岛上的努美阿城是西南太平洋上重要的交通中继站，有"太平洋的巴黎"之美誉。城中街道整洁，法国餐厅林立，白色的楼宇三五错落掩映在花树丛中。港湾内停泊着大小游艇和帆船，海滩平展，浪白沙细，海风徐来，树影婆娑，洋溢着优雅迷人的情调。离努美阿约2小时航程的海上有一高达80米的亚美德灯塔，矗立在珊瑚礁石上，被新喀里多尼亚人当做努美阿的象征。此塔于1865年由法国人设计建筑，其目的是为提醒过往船只注意新喀里多尼亚附近海面有众多的珊瑚礁石。这座灯塔在当时曾是世界最高建筑物，而被新喀里多尼亚人引以为自豪。

新喀里多尼亚由于镍和旅游业的发展，人民生活挺不错的。但这里还保留着许多有趣的习俗。例如首领的身体是绝对不可以触犯的。首领住所的建筑也与百姓不同。首领的茅屋是圆形的，屋顶高高的，似一个巨大的圆锥，木制的尖顶上有仪仗斧和贝壳币作为象征。在当地土著居民中，还严格遵守着亲兄弟姐妹之间不能互相开玩笑，甚至不能说话聊天的习俗。这里的人们很喜欢女孩子，任何一个女人死亡全部族都会悲伤无比，因为他们崇拜女性祖先，把女性视为氏族的母亲。

八岛之群

　　在碧波浩渺的太平洋的中西部，有一组环形的珊瑚礁小岛，岛国图瓦卢就坐落在这群小岛上。

　　这群小岛由九个珊瑚礁岛组成，陆地面积仅26平方千米。可这些小岛像链子一样从西北到东南绵绵延伸了560千米，占据着130万平方千米的洋面。

　　这群小岛位于南纬5～11°，东经176～180°，正好紧靠国际日期变更线，离赤道又非常近。但因为这一带雨水特别丰富，经常是大雨滂沱，而且又经常刮风，所以虽在赤道附近，可并不像人们想象的那样炎热难忍。岛上地势低平，平均海拔只有3米。没有山脉、河流和湖泊。这些小岛便是我们下面要说的图瓦卢群岛。

　　图瓦卢在当地岛民的方言中是"八岛之群"的意思，因为这9个小岛中有8个岛上有人居住。群岛中以瓦伊图普岛面积最大，约为5.6平方千米。而以富纳富提环礁最为重要，因为图瓦卢的首都就建立在富纳富提环礁上。富纳富提面积只有2.8平方千米，而且还是由35个小珊瑚岛组成的，每个小珊瑚岛的面积小得没法去说，真是沧海一粟。简直像是露出海面的一片岩石，或者说是围绕着一个礁湖的一串珊瑚礁。

　　1586年，西班牙航海家曼达纳驾船在海上漂流探险，他首先来到这九个岛中的努伊岛，而后又相继发现了其他8个岛。据传这些小岛上的原始居民的祖先来自萨摩亚和汤加。18世纪，西方殖民者在这一带经商和捕鲸。19世纪中叶，殖民者把本地人当做奴隶贩卖到秘鲁、澳大利亚、斐济、夏威夷等地，使图瓦卢的人口一度下降到只剩下3000人。到现在为止，全国人口也只有1万人，其中还有1/10的人在国外打工谋生。所以图瓦卢是世界上人口最少而人口密度又最大的国家之一。就面积而言，图瓦卢是世界上仅略大于瑙鲁的小岛国。

图瓦卢人多地少，珊瑚岛上又缺少沃土良田，居民主要种植椰子、香蕉、面包树及块茎植物，一般要把这些植物种在人工挖成的坑里，以便蓄积雨水。此外，还饲养一些家禽家畜如鸡、猪等。这里的生产方式多以家族为基层生产单位。近年来以出售邮票和向外国船只颁发捕鱼许可证为经济的主要收入。

由于图瓦卢人生活劳动在海洋上，所以有丰富的航海知识。当岛上的椰子、面包果快要吃完时，他们往往全家人一齐远航。如今许多图瓦卢人长年在外国轮船上当水手，他们对海洋的了解如同对自己的了解，单凭肉眼就可以观察气象、风向、海潮的涨落等，还能辨别方向，从不迷航。

在图瓦卢岛上，人们把猪视为幸福吉祥的生灵，当做美好、高贵和善良的象征。在日常生活中，凡遇到重大事情，例如，亲友来访，婴儿降生，都要杀猪庆祝。如果发生了纠纷，当事人将各扛上一头大猪请酋长去评判。有时酋长根本不分青红皂白，只根据猪的分量，就评出谁家有理谁家无理。岛上的人们特别喜欢咀嚼槟榔。男女老少几乎每个人肩上都挂着一个椰树叶编成的草袋子，里面放着石灰粉、椒叶和鸽子蛋大小的槟榔。他们把槟榔咬成两半，平放在椒叶上，撒上石灰粉后卷起椒叶，然后放入嘴里便大嚼而特嚼。由于嚼槟榔，许多人的牙齿都变黑了。

靠鸟粪致富的岛国瑙鲁

在当今世界上，靠什么发财的都有，小岛瑙鲁就是靠鸟粪取得巨大财富的。

瑙鲁位于太平洋中西部赤道附近的密克罗尼西亚群岛中，椭圆形的岛屿像个鸟蛋，全部面积仅21平方千米，步行周游全岛半天时间就够了。世界上最小的岛国瑙鲁共和国就在瑙鲁岛上。

瑙鲁岛位于碧海之中，赤道线上。从地图上看，这个岛国只不过是一个小黑点。从飞机上看瑙鲁，又像一个大草帽。原来，岛的周围是由细细的白沙铺就的海岸，瑙鲁是一个珊瑚岛，四周为珊瑚礁所环绕。暗礁重重，轮船不能靠岸。从银白色的海滩向内地延伸，地表逐渐升高，形成一条绿色的环岛地带，这是瑙鲁唯一的农业耕作区。全岛最高点海拔仅有64米。

问起世界上最富有的国家在哪里，人们往往会想到科威特、卡塔尔或阿拉伯联合酋长国这些石油国家。其实，瑙鲁才是世界上按人口平均最富有的国家，其富有甚至超过了世界石油富豪科威特。不过，它的财富不是石油，而是鸟粪。

20世纪以前，瑙鲁还是一个默默无闻的小岛。岛民们以捕鱼猎鸟为生，倒也逍遥自在。唯一遗憾的是岛上的水总是咸的，人们只好成天喝椰子汁解渴。一天，一名海员将岛上的一块纹理好看的石头作为礼物，送给澳大利亚的一位朋友。一个偶然的机会，这块石头被一位好奇的英国公司职员发现了。他把这块石头拿去化验，意外地发现它竟是品位很高的磷酸盐矿石。

追踪寻源，原来瑙鲁曾是海鸟云集的地方，常年累月地堆积起一层层的鸟粪和鸟蛋，经过漫长的地质成矿作用，变成了磷酸盐矿。瑙鲁整个台地上几乎都覆盖着厚达十多米的磷酸盐矿，总蕴藏量约1亿吨！瑙鲁的磷酸盐矿纯度高达84％，怪不得岛上的水都是咸的，以致蛇、蚊都无法生存呢！

磷酸盐矿的发现，使瑙鲁顿时身价百倍。只要掘土出卖，便可换回大量外汇，于是，瑙鲁一下子成了名符其实的寸土皆金的宝岛。这里的磷酸盐从1907年开始采掘，现在年产量可达200万吨，弹丸之地竟成了世界上第五大磷酸盐矿生产国。鸟粪的出口给瑙鲁带来上亿美元的收入。由于人口少，人均国民收入就遥居亚太地区榜首了。

当然瑙鲁人也很明白，一旦磷酸盐挖尽挖光，天堂便时日无多了。为了使这笔财富能永远造福子孙后代，政府早已未雨绸缪，每年把磷酸盐收入的50％用于海外投资，作为资源枯竭后的谋生资本。例如，他们在澳大利亚的墨尔本市购置了一块比本

国还要大的地皮，花了2000多万澳元建立了一座52层的大厦，用以出租。大厦取名为"瑙鲁之家"，瑙鲁人又称它为"鸟粪塔"，据说是为了不忘"本"，颇有点吃水不忘挖井人的味道。

鸟粪给瑙鲁人带来的巨大财富，岛民们过上了无忧无虑的生活，餐餐大鱼大肉，岛上缺少淡水，人们就整箱整箱地喝啤酒。岛民幽默地说：我们是住在鸟粪天堂里的胖子富翁。这种生活也给瑙鲁人带来新的烦恼，糖尿病已成了这里的大患，政府不得不专设节食官员，指导人们的生活与健康。

瑙鲁是一个没有电视台，没有广播，也没有报纸的国家。被岛民看做是"娱乐节目"的，就是观看国会开会。

别看瑙鲁国小，国家机构却"五脏俱全"。它于1968年独立，是英联邦成员国。每次国会开会时，任何人都可以随便进入会场看热闹。人们可以在议员身边席地而坐，或站立于圆形的议会走廊四周，一边吃香蕉，一边听议员辩论。听得高兴时，放声大笑，这也真算是瑙鲁一景啦！

富饶的布干维尔岛

喜欢探险的人对法国人布干维尔的名字一定非常熟悉。布干维尔在1766～1769年间，曾经与许多科学家一起进行了一次环球旅行。他们通过麦哲伦海峡后，向西北穿越了南太平洋，再向西行后，到达了任何欧洲船只以前均未航行过的海域。他们到达了大堡礁的边缘，可没见到澳大利亚。转向北行，见到了所罗门群岛。为了纪念他，所罗门群岛中一个最大的岛、新赫布里底群岛中一处海峡和一种植物都是

以布干维尔的名字命名的。

布干维尔岛位于所罗门群岛的西北部，是一个面积约1万平方千米，由西北向东南伸展的岛屿。

在地理区域划分中，布干维尔岛居于所罗门群岛，而在行政区域划分中，它却是大洋洲独立岛国巴布亚新几内亚的领土。在世界历史的发展进程中，布干维尔岛还是相当有名气的。在太平洋战争期间，布干维尔岛是日本海军向太平洋"南进"的一个根据地，也是美国"跳岛作战"的一块跳板。举世闻名的美日珊瑚海大海战，就是在布干维尔岛附近的海面上发生的。

布干维尔岛最有名的应该说是它的铜矿。此岛是世界上少有的大铜矿之一，铜储量约为9亿吨，与"铜矿之国"赞比亚不相上下。该岛铜矿区的西北端现有一巨大的露天采矿场，是世界四大露天铜矿之一，采矿设备极为现代化。它的电铲一次可铲起22吨矿石，矿石卡车一次可运100～170吨的矿石。并建有矿石专用运输线路。

布干维尔岛地处太平洋火山带上，岛上多活火山多地震多森林，十分富饶。岛上南部的五储山的中段地带就是铜矿石的主要出产地区。布岛的资源丰富，除铜外，金、银共生矿也十分有名。历史上，这里曾是世界重要的淘金场所。

最美丽的岛屿夏威夷群岛

夏威夷群岛位于海天一色、浩瀚无际的中太平洋北部，由夏威夷、毛伊、瓦胡、考爱、莫洛凯等8个较大的岛屿和100多个小岛组成，逶迤延伸3200多千米。它就像一串光彩夺目的珠链在白云悠悠、海水茫茫的大洋上熠熠生辉。美国著名作家马克 吐温曾把夏威夷群岛赞美为"大洋中最美丽的岛屿"，是一个"停泊在海洋中的最可爱的岛屿舰队"。

夏威夷群岛上最早的居民是南太平洋的波利尼西亚人，他们乘坐着独木舟漂流了数千里来到夏威夷，他们被夏威夷的美丽和富饶所迷住，他们在这里定居下来，辛勤劳作、繁衍后代，并建立了自己的王国。当1778年英国探险家库克率船队来到这里时，夏威夷的土著人口已经达到30万人。后来，美国传教士和资本家大量涌进，1959年夏威夷正式归入美国版图，成为美国第50州，美国星条旗上的第50颗星。

夏威夷群岛有海浪、沙滩、火山、丛林等大自然之美，更有土著居民爽朗、热情、真诚、勇敢的人情美。夏威夷虽然地处热带，但因身在大海，气候四季如春，雨量丰沛，阳光充足，热带植物争奇斗艳。海湾景色特别优美，青山起伏，白沙片片，绿树摇摇，是世界上罕见的休憩风景胜地。

夏威夷最壮观的景象是岛上正在喷发的座座火山。夏威夷的八大岛就是因火山爆发而形成的火山岛，至今这些火山仍不罢休。它们时而喷出浓浓的烟雾，以向世人宣告它们的存在和曾经的辉煌。夏威夷火山喷发频繁却颇"文静"，它没有强烈的爆炸和大量的喷发物，非常利于观赏和考察。因此，美国早在1912年便在夏威夷岛上设立了第一座火山观察站。以后岛上又建立起夏威夷火山国家公园。每当火山喷发时，许多人都要不远千里赶来观看大自然最壮丽的景象。如果有机会能在离火山很近的地方观看火山发怒时的壮观，亲自体验一下大自然的惊心动魄，那将会极大地丰富我们的人生吧！

夏威夷群岛中的瓦胡岛上，有一座非常著名的城市火奴鲁鲁，华人称它为檀香山。早年这里是檀香木的故乡，檀香木是一种名贵的树种，它因木质坚实而又芬芳，招来世人贪婪的砍伐，几近绝迹，于今只留下一个美丽动听而名不副实的中国式地名。火

奴鲁鲁非常美丽繁华，它是夏威夷的首府和最大城市。怀基基海滩是这里最著名的海滨浴场。与怀基基海滩遥遥相对，位于火奴鲁鲁西侧的是举世闻名的珍珠港。

波利尼西亚文化中心是火奴鲁鲁又一令人神往的旅游胜地。这里的夏威夷、萨摩亚、斐济、汤加、塔西提、马克萨斯、毛利等村落，代表着波利尼西亚7种不同的文化。其建筑均保持着各民族几百年前的传统风貌，游人乘独木舟在河上穿行，每一村落都有居民在为你表演他们的生活情景。

在夏威夷，最令人感动和难以忘

达这一带时，他又发现了夏威夷群岛中的最大岛屿夏威夷岛。夏威夷岛上的土著人把库克当做长生不老的神来崇拜，他们对库克顶礼膜拜，并跟在他的身后爬行。库克对此也心安理得地接受了。但是，对于崇拜宗教的土著人来说，服侍这位新神可要比服侍一切老神困难得多，因为库克要求很多很多的东西和贡品来养活他的船员。终于，悲惨的事情发生了，因船上的一件东西被偷，英国人和土著人发生了激烈的冲突。土著人用弓箭和石块战斗，而英国人则向土著人开枪。在库克本人连续击毙3个土著人时，土著人一齐冲向英国人，打死了库克及他的同伴，并把库克的尸体砍成数块分给酋长们食用。后来，在英国人炮击、火烧及砍了两个酋长头的情况下，土著人才不得不将库克的头及几块遗骨交了出来。英国人把库克装入棺材投向大海。库克，这位伟大的探险家便这样在夏威夷结束了自己51岁的生命。

怀的是"阿罗哈"精神。"阿罗哈"是夏威夷土著的语言，含意博大。一般解释和理解为"欢迎"、"您好"、"谢谢"、"再见"，但更为深刻的含意是"亲爱的"、"善良的"、"尊敬的"等等，表示友好、祝福和爱。而在对死者的告别仪式上，一句"阿罗哈"又表示出"永别了"、"安息吧"的真诚情意。

不过，在200多年前，这里曾发生过不能让人"阿罗哈"的悲惨事件。

1778年2月，库克在航行中发现了夏威夷群岛中的瓦胡岛等5个岛屿，他惊奇地发现，这里的土著人与其他波利尼西亚岛屿上的土著人最大的不同就是他们会使用铁器工具。库克把这个发现记在了他的航海日志里。

1779年的1月，当库克再一次到

海龟的乐园留尼汪岛

留尼汪岛是印度洋中的一个火山岛，它介于马达加斯加岛和毛里求斯岛之间，离毛里求斯岛才180千米。岛上高山耸立，峭壁突兀，峡谷纵横。岛的东南部有一座活火山，海拔2630米；自1925年以来火山活动频繁，山顶不断喷发出火焰，雪山喷火的奇景令人惊叹。

留尼汪岛呈椭圆形，岸线平直陡峭，地势由四周向中间逐渐升高，形如一只浮在水面上的海龟，难怪海龟

把它作为故里。

据说16世纪以前，这里和塞舌尔群岛一样，曾是旱龟们居住的地方。那时，岛上到处都是旱龟，可旱龟再多，也经不住人类的大肆捕杀，终于导致旱龟在这里销声匿迹了。然而，龟家族似乎特别钟爱这个地方。走了旱龟，来了海龟，不知从什么时候起，这里又成了海龟的世界。海龟是非常有灵性的动物。不管身处怎样舒适的海域，恋家的海龟总要返回

故里来生儿育女。所以每到繁殖期的夜晚，成千上万的海龟会从远洋回归到这里，爬上沙滩，费极大的力气，用后脚刨出0.5～1米深的沙坑产蛋。海龟产蛋的数小时，一只此龟下蛋40～100枚，一个个如乒乓球大小。海龟挺聪明的，产完蛋爬出坑后，便用沙将坑填平，作好伪装，自以为万无一失后，才依依不舍地爬回大海。龟蛋借助阳光的热力，在沙中呆了60～80天后，一只只小龟就破壳出生了。小龟出生后，并不等于万事大吉了。它们要自己爬向大海。别看成年的海龟那么庞大，可它们的子女却小得只有数十克重。据渔民说，有时母龟也会回来做接应，把儿女带走，实际上小海龟都是自己爬回大海的。

这里是世界最大的产龟地和第一个人工饲养海龟的地方。岛北岸的珊瑚礁岛欧罗巴岛、特罗梅林岛，都是世界最著名的海龟产卵繁殖地。仅据欧罗巴岛的统计，这里年孵小海龟约有500万只。过去，一些岛民靠拾龟蛋来维持生计。1940年，政府宣布这两个小岛为海龟自然保护区，禁止拾蛋捕龟。人们开始筹划既能保护自然资源，又能以龟致富的办法。1970年创办了圣勒海龟场，造了30个各100平方米大的水泥池，从小岛上捕来小龟饲养。一只约25克重的小龟一年半后就能长到30～50千克，最后可达200～300千克。

海龟的这种返回故土繁殖的习性，让人们认识到保护海龟的产卵地，就等于保护了海龟资源。将龟岛划为自然保护区，人工饲养海龟，是保护海龟又利用海龟的好办法。

留尼汪岛上除有大量海龟外，还盛产天竺葵、印须芒草、伊兰伊兰和华尼拉等香料植物。圣但尼是全岛的中心城市。留尼汪名意为"团结"或"联合"。

缺乏绿色的绿色海角

距西非海岸500多千米的大西洋中，有一组因海中火山爆发而形成的岛屿。这就是非洲最西面的岛国佛得角共和国的所在地——佛得角群岛。

佛得角群岛由15个岛屿组成，面积4033平方千米。佛得角白白叫了个"绿色海角"的名字，这里真有点穷山恶水的味道，满目黄土山峦起伏，峡谷纵横崎岖，绿色只是点缀在沙漠上的仙人掌。这是因为干热的东北风挟带着撒哈拉的沙尘，整日横扫群岛，撒哈拉沙漠气候似乎在陆地上还没有彻底大显身手，便向海洋延伸和发难，只可惜无辜的佛得角群岛虽身临大海，却未受海洋之惠顾，干旱倒成了群岛常遭遇的灾难。

不过佛得角群岛地处大西洋交通要冲，如海上哨兵，扼守着非洲、欧洲、美洲之间的海空航路咽喉，战略地位十分重要，被称为是"各大洲的十字路口"。早在1875年人们就在此设立了海底电缆站，欧洲、南美、西非间的海底电缆通过这里。

一直到15世纪中叶，佛得角各岛尚无人居住。1445年，葡萄牙航海家达莫斯托来到北大西洋东南部，发现了这几个海岛。

佛得角群岛曾是西方殖民者向非洲大陆渗透的据点和美洲贩卖黑奴的转运站。至今在群岛中最大的圣地亚哥岛东南部的大里贝拉市中心广场上，还可见到一根5米高的石柱，那是殖民者当年吊打逃跑黑奴的见证。在首都普拉亚附近，还有一个关押黑奴的监狱，里面有个站炉，奴隶贩子常把黑人关入炉中，20分钟就可把人活活闷死。

佛得角群岛由于气候条件恶劣，岛上土质日益沙化，每逢大旱，岛上居民都要被迫离乡背井到国外谋生。现旅外侨民超过本国人口，留在国内的多数是妇女。她们差不多挑起了整个生活的重担，修堤打井，播种收割，全靠妇女勤劳的双手。佛得角人"靠海吃海"，渔业海产品出口约占全国出口值的70%。

在佛得角，民间风俗十分有趣，小伙子们要用香蕉叶做纸写信给姑娘的父母求婚。否则会被认为失礼，亲事当然也做不成了。而新娘出嫁的时候要接受父亲的"鞭打"，其意思是，嫁出去的人不可随意跑回娘家，要安心在婆家过日子。结婚的时候，新娘新郎举着互相交换的香蕉叶举行仪式，意为结婚生活要像香蕉叶一样常青永绿。

分属两个国家的岛屿

在南美洲大陆南端的大洋里，有个火地岛，因为它是雄伟的安第斯山脉的终端延续部分，所以虽然中间隔了一个麦哲伦海峡，似乎至此断绝，但是海底还是相连的。火地岛由主岛火地岛和莱瓦诺斯岛、努韦瓦岛等组成。

火地岛处在两洋之间，东边是大西洋，西边是太平洋，北面隔着麦哲伦海峡与阿根廷和智利的本土相望，南面与南极洲遥遥相望。这个面积只有4.8万平方千米的海岛却分属于阿根廷和智利两个国家。属于阿根廷的乌斯怀亚，是世界上最南端的市镇；属于智利的乌斯怀亚，地处南纬54°50′，已经是接近南极的冰雪世界了。当南极雪暴毫不留情地到来时，这里便天昏地暗，日月无光。这里的港口终年不冻，是航海者最佳的补给基地，因此这个和南极洲相距约1000千米的海岛，就成了世界各国前往南极考察船只的中转基地。1984年12

月，中国第一次派往南极考察的船队，也是斜插过太平洋从这里转向南极的。

火地岛的原始居民属于印第安人种中的雅玛纳人，1000年前，他们就有自己的语言和文字。1520年11月，葡萄牙航海家麦哲伦率领探险队沿美洲大陆东岸南行，穿过连接大西洋和太平洋的海峡时，发现海峡南面岛屿上火光冲天，原来是印第安人正点燃篝火取暖烤食品，并以火为黑夜照明。看到这个情景，麦哲伦就将这个岛屿叫做"火地岛"。1769年，英国航海探险家库克在航行中遇到特大风暴，只好带人躲到海湾里，风暴过后，他带人登上海岸，发现这里是火地岛。库克在日记里非常客观地描述了火地岛土著居民的外貌、生活习惯和举止行为。库克的记录成为研究原始文化的历史学家们珍贵的资料。

1831至1836年，英国著名的生物学家达尔文，乘英国海军巡洋舰"贝格尔"号做环球旅行时，曾多次踏上这个海岛。岛上居民善良、诚实、好客和勤劳淳朴的习性给达尔文留下了深刻的印象。

19世纪上半叶，大批移民涌到了岛上，给海岛带来了过去没有过的传

染病，还带来了血腥的屠杀。1870年黄热病在这里流行，当地土著人死去了一半。为了殖民统治，殖民当局甚至规定，杀死一个土著人可以得到1英镑的赏金，在这种血腥政策之下，岛上原有的1万名雅玛纳人几乎全被杀害。到1884年，这里成了犯人服苦役的地方。1947年才把原来的监狱扩建为海军基地。岛上最大的城市乌斯怀亚就是在这个废弃的监狱周围建造起来的。"乌斯怀亚"在雅玛纳语中是"通向西方的海湾"和"美丽的海湾"的意思。当我们念到这个美丽的名字时，应该永远地纪念那些淳朴善良而无辜死去的土著居民们。

火地岛是个旅游胜地。它的季节变化恰好与北半球相反，当北半球寒风凛冽，雪花飘飘时，这里却正是枝繁叶茂，百花齐放。火地岛的夏季自12月至来年的3月，最高温度可达45℃，白昼长达20小时，其中，12月22日几乎没有黑夜。此时，太阳发出绿莹莹的光华，整天在地平线上做圆周运动，直到近午时才缓缓沉入海面，但不久，又冒出头来，继续倾

撒它那淡绿色的光彩。这时这里的一切显得格外宁静，山峰好似在白云飘飘的天空中轻轻摇曳着它那巨大的手掌，告诉地上万物切莫作声，保持谧和平静。常年不灭的篝火，从茅屋中、小船上或山沟底蹿动着熊熊的火舌，烤熟了野味和鱼蟹，散发着松柏的清香，为人们带来了光明和欢乐。夏季的火地岛成为天然滑雪场。雪岭冰峰间还设有空中索道。

火地岛上的土著居民非常聪明。在很早以前，他们就会用皮船和渔叉来猎取海豹和水獭。而且他们手艺高强，渔叉的命中率是很高的。当水獭负伤逃遁时，可爱的猎狗就会跳下水去，帮助主人咬死水獭。妇女出海要乘树皮船。树皮船的制作相当复杂，要用骨制刮削器和尖利的贝壳将树皮整块剥下来，然后用鲸须将几块树皮缝成船状。船长一般4～6厘米，宽约90厘米。

火地岛的经济支柱是畜牧业，高原牧场水草肥美，牛羊成群。渔业也给火地岛带来巨大的收益。

旅游胜地圣文森特岛

圣文森特岛是位于东加勒比海向风群岛南部的独立国家圣文森特和格林纳丁斯的主岛。全国面积为389平方千米，圣文森特岛就有345平方千米。

在漫长的地质年代里，这里曾发生过无数次地震和火山爆发。火山爆发以后，海洋里就诞生了新的陆地和岛屿。圣文森特岛就是由海底火山爆发的火山岩堆积起来而露出海面的。一条火山山脉绵延起伏，纵贯全岛。岛北部的苏弗里埃尔火山的锥形山峰海拔1179米。1902年，这座火山喷发时，曾夺走了2000人的生命。1979年

4月13日至25日，这座火山又先后喷发过20次。

圣文森特岛是久负盛名的游览胜地。景色秀丽的海滨浴场，宏伟壮观的火山遗址，吸引着来自世界各地的旅游者。1979年苏弗里埃尔火山再次爆发后的情景十分壮观，吸引世界各地的火山爱好者前去探险览胜。

圣文森特岛是世界上最重要的葛粉生产地，其产量几乎占世界消费量的100%。葛是藤本植物，有块根，被称为葛薯或葛根。葛薯含有丰富的淀粉等物质，葛粉可用于制药，葛茎皮纤维是制造特种纸张的原料，葛根中可以提取供计算机用的某种材料。

圣文森特岛最早的居民是阿拉瓦克族印第安人，后来加勒比印第安人迁徙到岛上，征服了原来的居民。1498年哥伦布第三次西航时，曾在圣文森特岛登陆。17～18世纪期间，英国和法国为争夺该岛进行多次战争。1783年两国签订的《凡尔赛条约》，圣文森特岛被割让给英国。1795～1796年，岛上的加勒比人为夺回本岛的主权发动起义，遭到英国殖民者的残酷镇压，绝大多数加勒比人被驱逐到洪都拉斯湾的一个荒岛上。随后，殖民者从非洲运来了大批奴隶在岛上开垦种植园。直到1979年圣文森特和格林纳丁斯才正式宣告独立。

圣卢西亚岛

在东加勒比海向风群岛的中部，有一个形状好像一颗石榴籽的小岛，那就是以金色海滩和硫黄泉而著称的圣卢西亚岛。

圣卢西亚岛面积为600多平方千米，是由火山喷发而形成的火山岛。岛上山峦起伏，森林密布，岛中央的吉米尔山峰，像巨人一样盘踞在绿树丛中，海拔达950多米。登上山峰，向西南海岸眺望，一幅绚丽多彩的画卷立即展现在面前：远处水天一色，浩瀚无垠的海面上闪烁耀眼的太阳金光；海岸近处是松软得像海绵一样的细沙海滩，海浪不时追逐着海岸；苍翠挺拔的棕榈树像忠诚的卫士，永远不知疲倦地守卫在那里；整个海滩又

像是哪路神仙在湛蓝的大海边铺就了一块嵌有绿色宝石的金黄色地毯，向两侧延伸，一直到两座巨大而秀丽的锥形山峰的脚下。这就是圣卢西亚岛最值得骄傲的、景色迷人的苏夫列尔棕榈树海滩。

在棕榈树海滩附近，有一片终年云雾缭绕、热气腾腾的硫黄泉和喷气孔地区，就像是令人莫测高深的仙境。硫黄温泉含有多种矿物质，可以治疗某种疾病。在1766年，这一地区曾发生过蒸气喷发现象，无数喷气孔同时喷吐热气，有的气柱高达几米，甚至十几米。景象瑰丽宏伟，实属天上少有，地上罕见，堪称大自然奇观。

圣卢西亚岛上的原始居民是印第安人。1502年哥伦布第四次航行在美洲时发现了这个小岛。当时岛上很荒凉，除了森林、草莽和飞鸟外，并没有征服者梦寐以求的黄金、财宝和檀香木。哥伦布失望地离开了这里。以后到这里来的西班牙人也寥寥无几。100年后，英国人登上该岛，他们向岛民索取饮水和食物，岛民们热情地款待了他们。

1639年，英国殖民者侵入圣卢西亚，可是第二年就被土著居民全部击退了。12年后，法国又占领了该岛，愤怒的岛民们发现来者不善，坚决地反抗，连法国总督也被岛民杀死了。在这之后的一个多世纪里，英、法反复争夺，小岛主权在两国之间几易其手。直至1975年，圣卢西亚才取得独立。

美丽的安提瓜岛

安提瓜是岛国安提瓜和巴布达的主岛，位于加勒比海小安的列斯群岛的北部。全国总面积为442平方千米，而安提瓜岛就占去了一多半，面积约280平方千米，而且全国绝大部分的居民都住在安提瓜岛上。

哥伦布在1493年第二次西航时发现了这个岛，并以西班牙塞维利亚的安提瓜圣玛丽亚教堂的名字给这个小岛命名为安提瓜。安提瓜岛上的原始居民是在岛上居住了几个世纪的印第安人。1520年，西方殖民者登岛，他们大肆屠杀印第安人，再从非洲贩运来大批黑人奴隶，开垦甘蔗和烟草种植园。

安提瓜岛是火山岛，岛的西南部是古老的火山丘陵，海拔平均在300米以上，全岛最高峰博吉峰，海拔405米。中部是禾苗葱茏、灌木丛生的平原。岛上没有河流，只有几泓泉水。海岸曲折，有许多天然优良港湾，还有连绵不断的白沙海滩。

安提瓜岛是个非常美丽的小岛，一望无垠碧波荡漾的加勒比海，环抱着它，一排排海浪拍打着岸边的礁石，卷起一堆堆雪白的浪花。岛上开满了红艳艳的凤凰花，葱翠挺拔的棕榈树，像威武的战士守卫在岸边。在白色沙滩上有五彩缤纷的遮阳伞。小艇像美丽的树叶飘荡于碧海蓝天之间。

安提瓜岛南端英吉利港口的纳尔逊海军船坞，是著名的历史古迹。这里原来是英国的海军基地，1889年改为海军船坞。1951年，已经残破的海军船坞重新修复起来，成为一个游览胜地。在这里乘快艇出海，迎着海风，你会觉得像鸟儿一样在飞翔。

坐落在安提瓜岛北部海岸背风坡上的圣约翰城，不仅是安提瓜和巴布达的政治、经济和文化中心，还是主要港口和海空交通要道。圣约翰附近的库利奇机场是一个设备现代化的国际机场，多家国际航空公司和轮船公司经营与安提瓜的海、空交通运输业务。圣约翰街道整齐，绿树成荫。位于法院大厦对面的警察局，是一座有300年历史的古代兵营。庭院四周的栅栏是用带刺刀的步枪做成的。离城4千米的詹姆斯要塞，始建于1730年，虽经200多年的风吹雨打，迄今仍然屹立海岸之上。圣约翰教堂始建于1683年，在数百年里，教堂几经地震和火灾的破坏，现已修复，仍保持初建时的形象。

安提瓜岛上的夏季狂欢节是非常热闹而有趣的。每年7月末到8月初，男女老少都要穿上节日的盛装，于街头载歌载舞。民间艺术家这时也要大显身手，即兴的民歌比赛和钢鼓乐表演，最引人注目。夜晚到来时，人们举行通宵达旦的宴会和舞会，尽情地快乐，尽情地享受。岛上的夏季狂欢节一般要持续7～10天。

从安提瓜岛乘船北行约40千米，就抵达巴布达岛。巴布达岛是面积仅160平方千米的珊瑚岛，风景秀丽，地势平坦，最高点只有海拔44米高。岛西部有一个环礁湖，湖内有大量的龙虾、海龟及其他水生动物。东北部丛林地带里有成群的野鹿、野猪、野鸭和珍珠鸟，可供游客去狩猎，所以巴布达岛素有"猎手的天堂"之美称。岛上居民多聚居在一个名叫科德林顿的小小村庄里，那里的男人都是熟练的猎手和水手。

亚速尔群岛

亚速尔群岛位于直布罗陀海峡以西的北大西洋中东部，东距葡萄牙大陆1287千米。

14世纪上半叶，一些不知名的意大利航海家发现了亚速尔群岛，便用意大利的名称将这组群岛标注在1375年绘制的天主教地图上。1415年时，20岁的葡萄牙王子亨利，决定对非洲的大西洋海岸进行探险发现，以寻找所罗门的黄金宝库，从而开始了他40多年的航海探险生涯。1432年，亨利发现了亚速尔群岛中的一个岛屿，并宣布群岛归葡萄牙所有。而后，亚速尔群岛被人们整整认识了30余年，有趣的是，最后一个岛屿是人们依靠海鸟的飞行方向才发现的。在以后的几个世纪内，这里是葡萄牙进行海外扩张和在非洲、美洲、亚洲建立殖民地的前哨基地，葡萄牙人把它叫做"远航训练学校"。葡萄牙政府将此开设

为自治区。多年来，该群岛曾是运载财宝的船队从西印度群岛返航途中的集结地。

亚速尔群岛是由水下火山露出海面的山峰构成的，共有9个岛屿和一些岩礁组成，陆地面积2335平方千米，圣米格尔岛最大，面积747平方千米；科尔沃岛最小，仅17平方千米。岛上山势崎岖，怪石嶙峋，港湾幽深，沙滩平缓，平原碧绿如毯，繁花似锦。

圣米格尔岛上的德尔加达港为群岛中最大城镇；皮科岛上的皮科山海拔2351米，为五个群岛最高峰；科尔沃岛是一块从海中拔地而起的巨大岩石，高250米，远远望去，似一大城堡矗立在碧波之中。

亚速尔群岛经常发生地震，1522年境内发生强烈的地震，埋没了圣米格尔岛上的维拉弗兰卡城。1957年

卡佩利纽什的火山又强烈爆发，从而使法亚尔岛一下子长大长胖了许多。群岛上多火山锥、火山口湖、热泉、矿泉、间歇泉、火山喷烟孔等自然景观。

亚速尔群岛犹如一座世界树木博物馆，地中海沿岸的松柏、菩提树，黎巴嫩的西洋杉，澳大利亚的楮树，北欧的筱悬木，以及热带的棕榈等竞相在这里生长。玫瑰花、山茶花、杜鹃花、玉兰花、芙蓉花、绣球花、爱情花，以及许多叫不出名来的野花，在这里竞相开放。"花岛"是人们对这里的称赞。每逢节日，岛上人们都要按当地的习俗以鲜花铺路，显得喜庆热烈。岛上的传统手工艺品，如彩釉陶器、柳条制品、刺绣、传统玩具以及用羽毛、鱼鳞制成的假花和用鲸鱼骨制成的艺术品等，非常受人喜爱。

亚速尔群岛是欧洲、西非和南美之间空中、海上运输的中继站，来往飞机、船只要在这里补充燃料、饮用水等，交通十分便利。

哥伦布举行婚礼的岛屿

马德拉岛是葡萄牙著名的旅游胜地、大西洋中美丽的海岛。它位于葡萄牙本土西南869千米的洋面上。火山爆发使它继续生长，全岛方圆741平方千米，四周海岸高耸，群山环抱。这里的杰朗角，还是世界上著名的海崖之一。

马德拉岛从1418年由葡萄牙探险家扎尔科发现算起，至今已有500多年的历史，著名航海家哥伦布曾多次在这里歇息，并在这里同葡萄牙航海家佩雷斯特雷洛的女儿举行了婚礼。当年他们在岛上住的房子保留至今。

说起马德拉的开发，这里要提到一个人，他就是葡萄牙探险历史上的重要人物亨利王子。亨利王子生于1394年，他从来没有参加过远洋航海的探险活动，但他是葡萄牙海上探险最杰出的组织者和领导者。他曾指挥探险队考察了大西洋东部海域中的4个面积较大的群岛，并对从直布罗陀海峡到几内亚长约350千米的非洲西海岸

进行了探察。在他的参与下，葡萄牙的船队成为当时世界上首屈一指的船队，葡萄牙也成为世界航海探险事业的大国。

1418年，扎尔科船长奉亨利王子之命外出探险。他们到达圣波尔多岛后，发现远处的海面上腾起了一片乌云，水手们不知前面发生了什么，吓得要死，以为那片乌云就是传说中吞噬大船的深渊或者是地狱之门。扎尔科船长不顾人们的反对，带着船队向那片神秘的乌云驶去。中午时分，他们的帆船驶进一片黑暗中，巨浪拍打着船舷，水手们魂不附体，号叫着请求船长下令返航。镇静的扎尔科船长命舵手继续前进，帆船终于驶进了浓雾。当他们发现一角陆地时，反而安静了下来，因为太紧张了，他们竟然不敢相信自己的眼睛。过了好久，当水手们发现前面实实在在有一个美丽的岛屿时，不禁欢呼起来，同时也忍不住嘲笑自己方才的胆小。扎尔科船长发现的这个岛屿，就是马德拉岛。亨利王子得到发现马德拉岛和周围一些小岛的消息后非常高兴，他把这些岛交给发现者们去移民和开发。后来，扎尔科船长真的带着十几户人家冒险到马德拉岛上开辟新生活。亨利王子给予船长在其土地上拥有几乎无限的权力，他可以分配土地，征收赋税，审理犯罪案件，只是不得实施死刑和断肢刑。当然，作为回报，要把全部收益的1/10交给亨利王子。

马德拉岛从1418年被发现后很快成了大西洋上的繁华之地。据记载，扎尔科首次登岛时，岛上的各种植物遮天蔽日，当时称之为"马德拉"，就是"树木岛"的意思。

该岛是几百年前由于大地震和地壳运动才从海底隆起的，岛上既不见山泉、溪水，地底下也没有暗河潜流。可是，岛上处处可闻流水潺潺之声，特别是在陡峭的海岸石崖，有许多飞流垂瀑直泻而下，注入大海，好似飞珠落玉，十分好看。

那么，这水流的源头究竟何在？原来，马德拉岛四周汪洋一片，海风将暖湿空气吹到岛上，却为岛上海拔1860米高的山峰所阻，于是积云化雨，滋润大地。更为奇特的是岛上逢夜降雨，几乎天天不误。这就是岛上水源丰富的秘密。木材是岛上的又一大天然财富。岛上密林遍布，巨木擎天。人们的生计也离不开树木，居民们用以建筑茅庐木舍，烧水举炊自不必说，室内一应俱全的家具，都是

用各种木料制的。马德拉的土地太肥沃了，人们先种植了小麦，后又引种了甘蔗。还是在亨利王子时期，人们就试种葡萄，当然也获得成功。事实上，今天马德拉的葡萄酒是在较晚以后才出名的。

如果说从海上欣赏马德拉岛犹如观赏一幅美丽的风景画，那么登上海岛就更有置身于蓬莱仙阁之感。那稠密高大的杉木，芬芳艳丽的花卉，稀奇珍贵的野生植物，硕果累累的果园，以及岛上那精美古朴的建筑，交相辉映，漫步其间，令人目不暇接，流连忘返。

有人说："马德拉是一座花果岛。"这里有来自南美洲的叶子花、兰花；来自澳大利亚的橡子树；还有众多的来自各个国家的芙蓉花、鸡蛋花、圣诞花……徐了争妍斗丽的花卉外，还有一串串独特的矮香蕉——台玛拉勒蕉，比比皆是的木瓜和鳄梨以及芒果、西香莲果等。

马德拉人热情好客，能歌善舞。马德拉岛刺绣出口品产量，仅次于中国和日本，居世界第三位。马德拉柳编织制品有1600多种，式样新颖，做工巧妙。

盛产可可的比奥科岛

巧克力是一种非常有名的甜品，大人小孩都喜欢它，好多人在运动前或参加什么激烈的竞赛前都要吃上一块巧克力以提提精神。可你知道，巧克力是用什么加工成的吗？可可，对！下面我们要到一个与可可有兴衰关系的小岛——比奥科岛上去。

比奥科岛距非洲西海岸32千米，属赤道几内亚的领土。岛的面积约为2000多平方千米，人口10万。岛上群峰叠嶂，山地占全岛面积5/6。最高点马拉博峰，海拔3007米。在肥沃的火山灰山坡地上，有大片热带森林，此外大片土地都种上可可，其面积几占全岛面积1/3，真是世界上最典型的一个可可岛。

赤道几内亚93%的国土在大陆，比奥科岛仅占全国面积7%，但却居住着全国29%的人口，首都马拉博也在这个岛上。比奥科岛所以能成为全国的政治、经济中心，同可可生产有着很大关系。多年来，比奥科岛年产可可占全国出口收入80%以上，为全国最重要经济支柱。

比奥科岛原来并不产可可。19世纪50年代，从南美洲引进后，因水土适宜，可可长得甚至比原产地还要好，遂将原始森林一片片毁去，改种可可。这里的可可豆质量特优，同世界最大可可生产国加纳相比，含油量高、水分少、含壳量也少，一级豆占77%，享誉国际可可市场，能比别国卖更高的价钱。

人们在探索比奥科岛可可优质高产的奥秘时发现，该岛的自然条件最能满足可可生长的需要。例如，年平均温度27℃，年雨量1700毫米，背风，土地肥沃。其他国家的可可园，不是这里有点差，就是那里有点不足，当然质量也就赶不上比奥科岛了。如果我们能尝一尝真正比奥科岛可可豆制成的巧克力，那滋味一定相当不错。

比奥科岛还有"几内亚湾小粮仓"之称。这里的芋头个头很大，形同炮弹，味道鲜美，是居民的主食。每逢芋头节，人们都要尽情地吃芋头，并且用不同品种的芋头招待客人。

在比奥科岛除了可以观赏可可的成长过程，还可以吃到非常有特色的西非抓饭。如果你能融入居民家庭中，那便更有一种异国风味了。抓饭，顾名思义，不用刀子，不用叉，

更不用碗筷，甚至连桌子也不用，但有一条规矩必须遵守，那就是必须用右手去抓饭。所以，这里的人们平时非常注意右手的清洁，尽量用左手从事不洁的劳动。吃饭时，全家人亲亲热热围坐在一起，中间只有一盆饭，一盆汤，人们抓起饭后将饭捏成小团，放在汤里浸一下，再送入口中。这种带有原始色彩的吃法，令人感到愉快。其实，人们在吃饭中是非常遵守礼貌的，每人只抓食自己面前的饭菜，绝不逾越界线，进餐结束后，要等长辈离席，晚辈要向长辈和客人致敬后才能离去。

海鸟的家乡

南乔治亚岛是一个冰雪的世界，大部分地区被冰雪所覆盖。这里生活着几千只驯鹿，这些驯鹿还是欧洲人从大陆带来的，由于它们耐寒，啃苔藓也能活命，竟由几只自然繁殖到几千只。但是它们挺孤独的，因为除了它们自己，岛上再也见不到其他的兽类了。

不过，南乔治亚岛是南极海鸟的极乐世界，在营巢繁殖季节可以集结3100万只之多，要知道企鹅、信天翁、海燕等等海鸟都是在海边营巢的，这时海岸上的海鸟的密度该有多大。试想一下，数千万只海鸟云集在该岛上的场面该是何等的壮观啊！

这么多的"居民"吃什么啊？仅以金毛企鹅为例，它的体重不过5千克，并非岛上最大的海鸟，可它的栖息期为116天，这样全岛金毛企鹅要消耗9160亿千卡的热量。再加上其他的海鸟，总算下来，真是一个吓人的天文数字。专家们计算过，在一个营巢期里，岛上的海鸟要吃掉小鱼小虾达150万吨！这么多的鱼虾给它吃掉，那还了得！这点请不用担心。海鸟们吃掉的毕竟是海洋生物中微不足道的极少数，而且鸟类又将粪便归还大洋。粪便喂养了微生物，给鱼虾以食饵。就这样，循环往复，维持了海洋生态的良性循环。

南乔治岛为什么聚集了这么多的海鸟？科学家说，因为千里海疆独此孤岛，周围水产又特别丰富，而且这里比南极诸岛暖和些，比北边的海岛又稍微凉快些。南鸟避寒，北鸟避暑，对于海岛来说，这里都很适合，自然成了南极鸟类的大本营。

天然沥青湖之岛

世界上有很多湖泊，各式各样，各具特色。不知你知不知道，有这样一个大湖，湖中没有水，也没有鱼虾，湖中黑黝黝的底部不是水，而是质地绝佳的天然沥青。这个大湖就在加勒比海的特立尼达岛上。

特立尼达岛面积4828平方千米，是南美洲委内瑞拉北部山脉在海水中的延续部分。岛上林木葱郁，清溪淙淙，三座山峰，自东向西，横贯全境。1498年，第三次航行到达美洲探险的哥伦布，望见这三座山头时，想起基督教中"圣父、圣子、圣灵"三位一体的说法，就把这个岛称为"特立尼达"，意思是"三位一体"。

从特立尼达岛上的西班牙港东南行95千米，便是举世闻名的拉布里亚沥青湖。滴水俱无的"湖泊"，内藏天然沥青1000万吨左右，这是世界上最大的天然沥青湖。其湖面犹如大象身上皱皱巴巴的厚皮，呈黑褐色，散发出特有的沥青臭味。除湖心一个裂口不断冒气外，其他地方都是硬巴巴的，甚至可以安全地在湖面上行走和驶车。

1867年，英国殖民者开始采掘

这里的沥青。在石油工业尚未生产沥青制品以前，这里一直是世界上天然沥青的主要供应地。这里的沥青铺在地上闪闪发光，号称"灰色闪光的马路"，特别适合夜间行车。

令人奇怪的是，这个湖的沥青貌似"取之不尽，用之不竭"，头一天挖走几十吨，第二天那个窟窿就不见了，挖多少，补上来多少，当地人因此把它称为神湖。其实，这是湖底巨大的压力把沥青推上来后把窟窿补平了。而且其湖面也在缓慢沉降。经过100多年的开采，湖面已下沉了10多米。

特立尼达的沥青湖里还发现过其他的一些怪事。怪事之一，是人们在湖中找到了许多意想不到的东西。有古代印第安人的武器和生活用品，还有史前动物的骨骼、牙齿、鸟兽的化石等等。在这些化石中，以猛兽猛禽青壮年时期的化石占绝大多数；怪事之二，是在1928年，湖中突然冒出了一根粗大的树干，伸出湖面4米多高。几天之后，又自动慢慢倾斜，最后没入湖中。人们发现，这个树干的木质完好，就像刚伐下的新树。可科学家们却认定，这树干至少已有5000岁的高龄了。这些令人费解的怪事，至今仍令许多科学工作者，花费心思去探索研究，企图揭示它的奥秘。

关于这个世界最大沥青湖是怎样形成的，人们的说法不一。现在，人们基本倾向于火山口形成说，那就是石油和天然气在地下与软泥流混合，通过裂隙涌进死火山口，满溢成湖。随着油、气的大量挥发，留下的残渣即成沥青。今天，人们从湖面缝隙中冒出的天然气及其余热里，从窟窿自动合口的力量中，还能感受到地下热力和压力的余威呢！

对于此湖，当地流传着这样一个神话：古代时，生活在这里的加勒比人中有个强悍的部落，在战胜敌人之后举行庆祝。但不幸的是，有人偷猎了岛上的"神鸟"——蜂鸟佐餐。此举激怒了天神，立即命令地面裂开，于是，乌黑的岩浆涌出，吞没了整个部落和村庄，形成了沥青湖。这固然是神话，但原始印第安人称特立尼达为"蜂鸟之乡"倒是事实。

特立尼达岛上美丽的风景和可爱的蜂鸟，吸引着世界各地的游客，而那神秘的沥青湖，则给这里来了巨大的财富。

爱神诞生的岛屿

在美丽的希腊神话故事中，有一位女神非常受人们的喜爱，据说她能给人带来幸福快乐美丽和爱。她就是爱神阿佛罗狄特。

爱神有一种人所看不见的武器"神矢"，人一旦被她的箭射中，立刻会在心中燃烧起爱情的火焰，即使是天神也不例外。阿佛罗狄特，这个名字是"从海水的泡沫里诞生"的意思。传说她是众神之王宙斯与瀛海之神的女儿狄奥涅的爱情结晶，出生在塞浦路斯西海滨白色悬崖下的大海波涛中，那里浪花中兀立着三块巨石，中间那块高约10米多，亭亭玉立，如出水芙蓉。所以人们便用女神的别名塞浦路斯给她出生的岛屿命了名。

另有一种说法，说"塞浦路斯"一词是从拉丁文"铜"字演化而来的。在很早很早以前，人们发现这里有珍贵的金属铜，所以这里开发铜的历史也是很悠久的。那时，铜的经济价值很高，这个岛便被西方国家视为聚宝盆。于是希腊人就以铜作为岛的名字。虽然塞浦

路斯岛上的铜实在不能同赞比亚、智利等名符其实的铜国相比，但这里毕竟是地中海地区的重要产铜地区。

塞浦路斯岛是地中海东北部的岛屿，面积为9000多平方千米，为地中海中的第三大岛。由于地处海上交通要冲，古代塞浦路斯岛的对外贸易就十分兴旺，曾一度称雄海上，并拥有一支强大的船队，控制着东地中海的贸易。塞浦路斯岛上的居民主要为希腊和土耳其两大民族。现在塞浦路斯岛上的独立国家是塞浦路斯共和国。

美丽的海岛，神秘的传说，宜人的气候，东、西方交汇的文化遗迹，使塞浦路斯岛成了世界闻名的旅游之邦。

塞浦路斯岛与神话有着十分密切的联系。除了人们把这里说成是爱神的出生地之外，还有许多神话故事与这里有关。据说岛上的玫瑰原是洁白的，一天，爱神的情人打猎受了伤，爱神闻讯赶去，脚被荆棘刺破，鲜血洒在花上，从此玫瑰就变成了鲜红色。岛上一簇簇白色的银莲花则是爱神串串泪珠变成的。意大利文艺复兴时期的大画家达·芬奇到这里居住后，在他的《笔记》中说：此处山色秀丽，招惹得漂泊的舟子来到这百花丛中偷闲小憩。古希腊史诗作家荷马、悲剧作家欧里庇德斯等，也都以极大的热情描写过塞浦路斯岛之美。据说古罗马三巨头之一的安东尼，就曾浪漫地将塞浦路斯作为爱情礼物送给了埃及女王。动画片大王迪斯尼，在塞浦路斯北部群山中灵感大发，创作了儿童卡通电影《白雪公主》。

岛上城市尼科西亚创建于公元前200年，自10世纪末至今一直是岛国的首都，它就是塞浦路斯悠久历史的最好的见证。城中央有威尼斯人占据塞岛时留下的圆形城墙和11座心形碉堡；位于城墙内中心部位的塞利朱耶清真寺，原是一座哥特式天主教堂，土耳其人入侵后，增修了两个尖塔，改为清真寺。十字军东侵时期修建的大主教教堂和圣约翰堂，是典型的希腊正教教堂。今内城小街细巷，曲折如同迷宫。传统的手工、皮革商店多把货品堆在人行道上。而其博物馆里则珍藏着从新石器时代到罗马时期的各种文物。

西非的门户

在世界众多的岛屿中，没有哪一个岛屿的历史能像戈雷岛那样有着那么多的血和那么多的泪。

戈雷岛位于距西非塞内加尔大约3000千米的海面上，全岛面积仅0.17平方千米，远远望去，犹如一片椰子树叶漂浮在浩渺的海面上。小岛上有浓密的椰林，美丽的海滩，红顶白墙的小屋时隐时现。戈雷岛不因秀丽风光而出名，也不因面积小而被人遗忘。戈雷岛的著名在于它保留着200多年前西方殖民者为监禁和贩卖黑人奴隶而修建的"奴隶堡"，今天岛上保存下来的奴隶堡是荷兰人于1776年修建的。为保存好这一珍贵的历史遗迹，联合国教科文组织宣布戈雷岛为

全人类的文化遗产和重点保护的世界历史文物。

戈雷岛的地理位置非常重要，在16～19世纪，它曾是欧洲—非洲—美洲三角贸易的枢纽，有"西非的门户"之誉。

戈雷岛旧称比西吉什岛，当地居民称它为比尔岛，意为深井，源于岛上只有一口居民赖以生存的井。1444年，葡萄牙人迪亚斯成为登上戈雷岛的第一个西方人，虽然当时岛上杂草丛生，荒无人烟，但他马上发现小岛四周海滩平缓，登陆出海十分便利，是海上航行的理想中继站。迪亚斯在岛上修屋筑房，设置防守，并将小岛命名为"巴尔马岛"。1617年荷兰人占领该岛，也因这里是天然的避风良港，便于过往船只补充淡水和生活用品，便将岛更名为戈雷岛，意为优良备地。

戈雷岛的历史，应该说是一部血泪斑斑的殖民史。据记载，从1536年到1848年共300多年间，殖民者的疯狂掠夺，使非洲损失了1亿左右的青年人，而从戈雷岛上的奴隶堡运走的黑人奴隶就达2000万人之多。这里发生了多少妻离子散、家破人亡的悲惨故事啊！戈雷岛的奴隶堡是由木石构筑而成的，囚室阴暗、潮湿、肮脏，五六平方米的小屋里同时关押十五六个奴隶。他们的手脚都被戴上了镣铐，同时还被系上了十几斤重的大铁球。奴隶堡的底层有一条阴森森的通道，直通波涛滚滚的大西洋，成千上万的黑人奴隶从这里上船被押解到美洲。

戈雷岛的独特历史价值在于，它反映了18世纪末人类历史上最黑暗、最野蛮、最残酷的一页。

展现英国历史的岛屿

在美洲生活的欧洲移民的后裔们，同我们中国人一样，是非常热爱自己的故乡的。那些远离祖国的人，无时无刻不在怀念自己的祖国，怀念自己的祖先生长生活过的地方。在美洲国家加拿大的一座小岛上，欧洲移民的后裔们可以不出小岛就满足寻根访祖的愿望。

爱德华王子岛位于大西洋圣劳伦斯湾内。乘飞机俯视，只见小岛呈半钩月状，如同一块碧玉，在海湾中荡漾。王子岛东西长64千米，南北宽6～64千米，面积约5700平方千米。全岛编为加拿大的爱德华岛省，是加拿大面积最小而人口密度最高的省。

爱德华王子岛在加拿大历史上具

有特殊的意义。1867年关于在加拿大成立联邦制国家的第一次会议就是在这里召开的，并于当年7月1日成立了联邦政府。至此，加拿大作为一个联邦制的国家诞生了。但是，王子岛闻名于世，主要不是因为这一政治原因，而是因为它美丽而幽静的自然景色。

爱德华王子岛是加拿大著名的旅游胜地。小岛岸线曲折，港湾深奥，这里没有工业污染，蓝天白云，阳光明媚，空气新鲜，令人心旷神怡。小岛南北两岸碧绿的海水、洁白的沙滩更是讨人喜欢。岛上有大面积的松林和种植着马铃薯的农田。有人曾幽默地描写它是两条洁白的海滩，中间夹着一条葱绿的土豆地。岛上有65座旅游公园，所以人们又把王子岛叫做"圣劳伦斯湾公园"。

65座公园，各有特色，而最著名者应该是伍德利公园了。

在伍德利公园的丛林深处，有一片重现英国历史的建筑群，那是英裔加拿大人约翰顿父子以毕生精力，费时30年建成的。约翰顿父子的祖先是苏格兰人，他们本人都出生在加拿大。世界大战期间，父子俩在英国参战。在祖先的国度里，他们对英

国的名胜古迹产生了极大的兴趣。战后，父子俩出于同一种嗜好，买下了一块土地，着手修建一些仿小型建筑物。1946年约翰顿先生退伍后，决心修建大型的石头和水泥结构的永久性建筑，儿子为此专门去伦敦测量一些建筑的尺寸。不久，他们修建的小公园就远近驰名了。1958年7月，伍德利公园正式向公众开放。从开放到现在，前来参观人的数已超过百万。

英国15世纪约克 明斯特大教堂的复制品，原物长158米、塔尖高度57.6米，这座赝品长7.9米、高3米，大小仅为原物的1/20，而145扇镶嵌着数千块彩色玻璃的窗户，深沉的钟声和阵阵古乐，使人真假难辨，等于去了英国一趟。

在"古代刑场"，陈列着英国封建主折磨轻罪犯人的刑具，有颈架、手架、双人足枷等，每个旅客都可以去试试，尝尝滋味。

仿苏格兰邓维甘城堡建造的古堡，大小为原物的1/3，可容一人出入参观，内有仿古家具、衣物等等；主塔底层地牢摆着一具骷髅。古堡后是伦敦的复制品，里面有历代英王的衣冠、宝剑。西南侧铺了花岗石，两名被处死刑的英国王后的姓名刻在岩

石上。

世界文豪、剧作家莎士比亚400多年前居住过的沃里克郡的乡村田园；斯特拉斯福(英国17世纪资产阶级革命时期的君主派代表人物)在艾冯河畔诞生的茅屋，都在伍德利公园一一重现。加拿大距英国如此遥远，英裔不可能一一回乡寻根访祖，这个历史遗迹公园满足了人们思乡的愿望。

没有太阳的岛屿

在加拿大的北部，离格陵兰岛不远有着一个面积不算小的岛屿，它就是加拿大伊丽莎白女王群岛中的埃尔斯米尔岛。

埃尔斯米尔岛是个冰雪严寒、人迹罕至的岛屿，由于它的地理位置，所以得不到太阳的宠爱，每年的11月到次年的3月，太阳是不肯在这里露面的。然而在夏天的时候，太阳似乎对自己的偏心有所悔悟，便在埃尔斯米尔岛的地平线上久久不肯离去，撒下一点微弱的温暖给这块受到冷落的土地。

由于寒冷，埃尔斯米尔岛是非常荒凉寂静的，它的面积大于冰岛两倍多，寒冷的气候净化了这里，极度纯净的空气，使岛上广阔的冰原、光秃秃的山岭和巨大的冰川看上去非常的清晰，给人一种远在天边而又近在眼前的莫名感觉。

埃尔斯米尔岛的最北端是哥伦比亚角，它距北极只有756千米。岛海岸线在冰川冲蚀下参差不齐，有不少的峡湾。有些峡湾的地形非常险峻，比如阿切峡湾，其两侧的悬崖高出海面700多米，形如刀削斧砍，十分壮观。每当微弱的阳光透过层层云雾长久照射到冰川上时，那雕塑般的冰川末端的冰块便会碎裂，漂游在海上成为冰山。岛的周围是块块巨大高叠的冰山，而岛上南坡的积雪在太阳下融化，在一片明亮白色的衬托下，灰色、黑色的岩石山峰分外庄严肃穆。经过千百万年冰雪的侵蚀，岛上一些山岭变得圆润温和。嶙峋的白色冰山与圆润的黑色山岩相映衬，岛上的景色有了一种不同寻常的壮美。

埃尔斯米尔岛虽然荒凉，但在岛南部的峡湾沿岸却居住着不畏严寒的因纽特人。1953年，加拿大为了表明自己对埃尔斯米尔岛的主权，在格赖斯峡湾沿岸建立了居民点。这个居民点是加拿大最北部的居民点，对加拿大来说，意义当然也非同小可了。不过，这个居民点并不是该岛最早的居民地。大约在4000年前，美洲人的祖先从西伯利亚来到阿拉斯加，他们刻苦勤劳的后代们又跋涉到埃尔斯米尔岛。现在，人们可以在一个圆砾围成的营地遗址里找到当年人类生存的遗迹。大约在1250年前，因纽特人的祖先大批迁居到埃尔斯米尔岛上，他们与大自然搏斗，希望能在这荒漠的土地上建立起自己的家园。然而，大自然太严酷了，年复一年的酷寒使他们举步维艰，终于，在1753年前后，因纽特人全部离开了这里。美国探险家皮里曾率领探险队探险北极，他将该岛作为探险的基地。皮里和他的伙伴汉森一起，在16天内走完最后的250千米路途到达北极点，成为世界上第一个到达北极点的人。埃尔斯米尔岛名声大振，许多人把眼光对准北极时，也就看到了埃岛，精明的商人也就把精明的眼光落在了埃岛上。

前面，我们讲到埃岛是如何的严寒荒寂，那当然是它的绝对的真相，比如说，埃岛上没有树木，离它最近的树生长在2000千米以外的加拿大大陆上。然而，多艰险的环境中也有生命的存在。埃岛夏季时，大部分积雪都会融化，这时，以北极罂粟为代表的各色耐寒野花们就会在小溪小湖畔竞相怒放。北极圈内最大的湖泊——黑会湖一带是荒岛上最大的绿地，到了夏季，湖畔生机勃勃，到处可以见到苔藓，伏柳、石楠和虎耳草。除了植物外，草原上还生活着成千上万的雪白的北极野兔和成群的麝牛、驯鹿，夏季是这些动物生命的旺盛期，而冬季，它们也不南迁，全靠刨食积雪下的地衣和绿色植物过冬，它们的天敌不是严寒也不是食物，而是同样与严寒抗争的北极狐和北极狼。

既然动植物可以生活在埃尔斯米尔岛上，人类也就关心起埃岛的生态来。1988年，加拿大政府将该岛的一部分辟为国家公园，其面积约为4万平方千米，略小于瑞士。每逢夏季，便有大批游客来到这里，他们徒步穿行在原野湖区，欣赏这独特而壮丽的景色。然而，也有很多人向加拿大政府呼吁，人类的大量进入将会破坏埃岛脆弱的生态环境。此呼声已得到人们的广泛关注。

寒冷的新地岛

新地岛位于北冰洋巴伦支海与喀拉海之间，由南、北两个大岛和一些从东北向西南延伸1000多千米的小岛组成。南、北两大岛之间是波涛滚滚的马托奇金沙尔奇海峡，新地岛实际上是欧洲乌拉尔山系向北延伸出露北冰洋的部分，所以岛上多崎岖不平的山地，最高海拔可达1490米。由于寒冷，新地岛大约1/4的土地几乎一年四季都被冰雪所覆盖，其他的地区就是极地荒漠，非常凄凉。这里的气候非常恶劣，常年多雾多大风，冬季平均气温在-16℃至-22℃，夏季也只有-2℃至-7℃。不过，你千万不要以为，这里是寸草不生，毫无生命，其实，新地岛上顽强生活着海象、北极狐和海豹等生命，就连我们人类，也有几百人在这里生活。新地岛曾目睹了一位勇敢的壮士只身骑车闯北极的过程。

20世纪30年代，前苏联有位名叫格列布·特拉温的工程师决定要骑自行车孤身闯北极，以向北极不可到达的世俗观念挑战。为了这次骑车旅行，特拉温几乎整整准备了5年。首先，他不断地锻炼身体，尤其是大量进行耐寒训练，而且，他还进修了大地测量学、地理学、动植物学等课程，他还学会了钳工，修理自行车可达到高级水平。一句话，凡是与旅行有关的知识和技能他都学到了。

1930年的春天，特拉温终于开始实现自己的愿望了。他武装齐备后，首先来到新地岛。新地岛对这位不速之客一点也不客气，立即用刺骨的寒冷给他下马威。在新地岛，寒冷几乎使特拉温寸步难行。第一天，特拉温的计划没有得到实现，他决定在冰上过夜。他用斧头把坚硬的冰雪砍成一块块冰砖，用冰砖垒成一道挡风的冰墙，他靠在冰墙下，用松软的雪当被褥。的确不错，风小多了，特拉温不久就进入梦乡。然而天有不测风云，当特拉温醒来时，却一点儿也动不了了。原来冰缝里冒出的海水浸湿了他身上的雪，并把他冻在冰屋里。幸好冰层不厚，特拉温靠顽强的毅力逐渐活动开麻木的双手，并用刀子一点一点地敲掉身上的冰，他从冰层中站起来后，全身几乎冻僵了，只能蹒跚前进。也不知过了多久，特拉温终于来到当地土著人的帐篷前，一位老人用雪揉搓他冻僵的肢体，才使他得以生还。然而，他的脚趾却无可挽救地冻坏了。如果不切除，坏疽病将引起生命危险。特拉温忍痛为自己做了切除手术。伤口未愈，特拉温就飞车上路了。说是飞车，其实他每天的行程也就十几千米。后来，他也乘雪橇或者

坐在浮冰上漂流，有时也要迈开双脚行走或用滑雪板前进。然而不论多么艰苦，他的自行车仍然跟他在一起，有时甚至是车骑在他身上了。在行进中，特拉温遇到无数的困难。一次，他在过一条河流时，破冰掉在冰河里，他手抓脚踹地往冰上爬，几次都失败了。当他拖着自行车来到安全地带时，他大声为自己又一次战胜死神鼓劲。有时，他会发现雪堆里的新鲜鹿肉，那是当地土著人的收获，特拉温便会大吃大嚼一顿。

就这样，凭着顽强的意志和不懈的努力，在当年的10月，特拉温终于实现北极探险的心愿。事后，他曾告诉人们，越是在艰苦的时候，越是不能失掉信心，只有不断进取才能取得胜利。

神出鬼没的小岛

汤加群岛的西列，多数都是火山岛，地势较高。这些岛屿中最大的是托富阿岛。岛上有座火山，海拔1125米，是全国的最高点。这座火山的形态保存得相当完整，可与日本富士山媲美。火山口积水成湖，湖面常年云雾缭绕。在托富阿岛以北的纽阿福欧岛，有一个面积很大的火山湖。湖中有岛，岛中又有湖，一环套一环，构成了完美独特的湖光岛色。湖中因沸泉高喷，形成飞瀑，热气腾腾，呼呼作响。往下瞅是沸水滚滚，往上看如高山瀑布，景色的确世界少有。

汤加的火山岛中有不少活火山。纽阿福欧岛就是个活火山岛。1946年这里火山喷发，居民全部撤离，如今岛上没有人居住了。

人们传说，这里有个"玩偶匣"岛，时没时现。1904年11月它曾从波浪中露出头来。那是个岩石岛，周长约3.218千米，海滩上布满了美丽的浮石。日本人最先发现了这个新生岛，当即宣布归己所有。可是，日本人高兴得太早了，两年之后的一次地震，使这个小岛又突然不见了。

后来，这个岛又从海中钻了出来，汤加国王立即占领了它。汤加人日夜庆祝海神赐给他们一个新岛。但乐极生悲，它不久又消失了。

汤加国王非常恼火，他召开了诅咒大会，令所有的人都用最恶毒的话咒骂海神。但是，咒了几天几夜，那个岛还是没有出现。汤加国王就塑造了一个海神像，用长矛刺它，用火烧它的手指和脚趾。他们以为如果痛痛快快把海神折磨够了，海神就会向他们低头，就会还给他们这座海岛，但仍然一无所获。后来汤加国王改变了态度，决定好好对待海神，希望能得到海神的回报。于是，他们在大海边大声唱着颂歌，称海神是世界上最好的神，还把最好的食物送给海神。1928年，火山又喷发了，这个岛果真又从海里钻了出来，而且竟高达182.9米。汤加人又庆贺了一番。但10年之后，这个岛又神秘地消失了。无论汤加人唱赞歌也好，咒骂也好，小岛再也没有出现。

一批地质学家对这个岛发生了兴趣，决定冒险到水下去看看究竟。他们穿着潜水服，戴着潜水镜和氧气瓶，钻进了淡绿色的世界。从下面看，水面像被微风吹皱的丝质面纱一样荡漾着。阳光透过水面，小鱼游过他们身边。水渐渐变热了，听到了海底火山发出的持续的隆隆声，每隔一

会儿海底就发生一次剧烈的震动，海水便横冲直撞地翻腾起来。

地质学家们到达33米深的时候，海底的世界已经展现在他们面前：一个火山口，虽然不很大，但形状和陆地见过的很相似。从它弯曲的程度可以断定直径有450多米。火山通道直上直下，深不见底，里面的水呈黑色，随着火光一起喷出来。每次喷发都会产生耀眼的光亮，把漆黑的海底照得通明，强大的潜流使潜水员站不稳身子。

有个胆大的科学家，像飞行员一样俯瞰这座火山。他看到从火山口里喷出来的不是热气，而是滚滚的热水，还不断冒出巨大的气泡。他们不能靠得太近，水的高温使他们无

法忍受。他们用放大镜和望远镜在水下观察。尽管火山口上面就是寒冷的海水，但火山通道里仍然猛烈地燃烧着，有时还喷出火舌和石头。这种海底火山奇观令他们终生难忘。

当然，这种探险是相当危险的，因为很难断定火山什么时候大喷发，如果一旦碰上大喷发，熔岩从海底喷上来，周围海水立即沸腾，潜水员在这样的海水中转眼间就会被烫熟了。

据说，曾有几位科学家在纽阿福欧岛的火山湖考察，想从山的裂缝中寻找一条通海的路。正当他们找到一条暗道时，火山突然喷发，地震把山震塌，这几位科学家不幸被埋在里面了。

不管这些传说是真是假，有一点是肯定的，那就是这些小岛景色宜人，而一些新生的火山岛又时没时现，相当神奇。但这些可不是由人工雕琢而成的，而是因大自然的鬼斧神工，是火山和地震的塑造和海浪长年累月的雕刻所致。

地热资源丰富的岛国

从澳大利亚越过塔斯曼海，有两个长形的岛屿，人们称它北岛与南岛，临近还有一些星星点点的小岛，这就是美丽如画的南太平洋岛国新西兰。新西兰面积约26.8万平方千米，是南太平洋海、空交通要冲。

新西兰的开拓者是毛利人。这是个有3500多年悠久历史的民族。毛利人的肤色、相貌跟中国人很相似，也是黄皮肤、黑头发、黑眼睛。但他们的文化跟中国不同。在中国，人们总是以一片热烈的掌声、握手、拥抱表示对客人的欢迎。而毛利人欢迎客人时，男女整齐地列队两旁，在一阵长时间沉寂之后，会突然从人群背后走出一位赤膊光脚的中年人，先是一声洪亮的吆喝，接着头一仰，引吭高歌起来。歌声一落，年轻的姑娘们翩翩起舞，周围的人低声伴唱。歌停舞罢，他们便一个个走到客人跟前，开

始了特殊的"碰鼻礼"（与客人鼻尖对鼻尖相碰三次），从而使欢迎仪式进入高潮。这是一种"家庭式"欢迎仪式。

10世纪的毛利青年人库普，从萨摩亚的一个小岛出发，驾独木舟远航千里而发现了新西兰。当他划近这些海岛时，首先看到的是一块高挂蓝天的独特白云，岛上渺无人烟。于是库普就把这个岛称为"遥远的白云之乡"。后来又有更多的毛利人驾独木舟来到这里开发，他们从不同的登陆点深入内陆，形成了七个不同的部族。后来又逐步发展成为一个国家。

古代的毛利人以恐鸟、鱼类和海洋哺乳类动物为食。当时的恐鸟是一种巨鸟，有数十斤到上百斤重，如今已绝迹。毛利人煮食也很有创造性。他们先在地上挖个坑，然后把石头烧得通红，再将鱼、鸟肉等与烧红的石

头一起埋进坑里，盖上土，焖两三个小时后取出食用。

毛利人很早就发现了岛上的地热，并利用这种热能来做饭。他们在地面的喷气孔上安一些木板条，边上加框，做成"地热蒸笼"，蒸煮各种食物。

18世纪70年代英国探险船队发现了新西兰，以后便不断向那里移民，使新西兰沦为英国的殖民地。后来残酷的剥削和压迫，使毛利人的人口不断减少，而欧洲人不断增加。新西兰于1907年获得独立，成为英联邦成员国。现在毛利人只有25万人，约占全国人口的10%。

探索和开发新的能源，已成为现代工业和科学技术领域内一个相当迫切的问题。地热的开发利用，正在为人类提供一种设备简单、成本低廉、安全可靠、污染少的新能源。新西兰

这个岛国的地热资源相当丰富。

地热是地球内部的热能。地幔下部储存着大量炽热的岩浆。随着海底的扩张和板块移动，岩浆沿着地裂缝不断地接近地表，加热地下水，从而产生温度很高的热水和蒸汽。这些地裂缝较多的地方往往就是地热资源最富有的地区。

新西兰群岛处在西南太平洋的一条洋脊上，洋脊的顶部是一条张开的裂谷带。裂谷两翼则是高耸陡峻的平行脊峰。洋脊裂谷带的地壳极为薄弱，向来活动频繁，深部炽热的物质不断上涌，所以地热现象层出不穷。

从北岛中部的鲁阿佩胡火山，经陶波湖直抵东海岸，在这条240千米的狭长地带上，有许多高耸入云的火山拔地而起，明镜般的大小湖泊星罗棋布，数以千计的间歇泉、沸泉、喷气孔、沸泥塘等地热现象随处可见。这里湖光山色、森林草地，如同一幅风光绮丽的画卷，成了新西兰有名的风景区。

在这里有世界上少有的4个地热景观。

第一个是汤加里罗公园。这是著名的火山区，有11座近代活动过的或正在活动的火山，其中3个是有名的活火山。它们是汤加里罗、恩奥鲁霍艾和鲁阿佩胡火山。鲁阿佩胡火山海拔2796米，是北岛最高点。1959年，它还喷发过一次带火山灰的水汽。层峦叠嶂的群山及火山活动的奇景，吸引着世界各地的游客。

第二个是怀拉基地热电站。这是新西兰最大的地热电站，也是世界上最大的地热电站之一。电站的装机容量达192600千瓦。人们将从地热井出来的以热水为主的湿蒸气，直接引进安装在井口附近的扩容分离器。由于压力降低，还有一部分热水变成蒸气。蒸气从扩容分离器中出来后，经蒸气母管直接送到电站供汽轮机用。新西兰是世界上第一个建成地热发电站的国家。地热利用率居世界第三位。

第三个是怀蒙谷地热田。这里有世界上最大的间歇泉，喷发高度达475.5米，两天喷一次，每次能持续几个小时。喷发出来的除热水与蒸气以外，还有大量泥浆和岩石，致使泉水颜色发黑。"怀蒙谷"这个名字就是"黑水"的意思。

第四个是罗托鲁瓦市的温泉。它是闻名世界的"太平洋温泉"。市内从办公楼、商店、旅馆到私人住宅，都有专用的地热蒸气井。市民普遍利用地热取暖和供其他生活用热。地热还被用于造纸、加工木材、育苗以及医疗卫生等方面。这个城市的间歇泉很多，喷发时水柱和蒸气都蔚为壮观，并伴有呼呼巨响，"声色俱厉"，使人望而生畏，进而赞叹不已。

除北岛之外，南岛地热也很丰富。据说全国有1000多眼热泉，一般温度为260℃，最高可达307℃。喷出地表的水，温度可高达150℃，一般

也在90℃左右。可见，这是一个充满地热资源的特殊岛国。

新西兰温暖如春，阳光充足，雨量分布均匀，岛上一片绿色，被誉为"花园之国"。

这个国家天然草地和人工牧场面积辽阔，占全国土地面积的51%。

这里畜牧业相当发达，全国羊的头数在6000万左右，年产羊毛30万吨，居世界第三位。肉用的罗姆尼羊占60%以上，肉毛两用的考力代绵羊占10%左右。新西兰对羊种的选育十分重视，有专门的科研机构。坎特伯里羔羊肉驰名全球。

在畜牧业的生产管理方面，新西兰人民积累了许多先进经验，牧场的生产费用大大低于欧洲共同体国家，也低于美国和加拿大、澳大利亚等先进国家。

极乐鸟的天堂

　　新几内亚岛又叫伊里安岛。地跨亚洲和大洋洲，面积78.5万平方千米，是世界第二大岛，仅次于格陵兰岛。新几内亚岛一分为二，西半部叫西伊里安，为亚洲国家印度尼西亚的领土，东半部就是大洋洲巴布亚新几内亚了。巴布亚新几内亚由南面的巴布亚、北面的新几内亚两部分组成。不过它的领土还包括其他600多个大小岛屿。这个国家引以为自豪的是盛产极乐鸟，因此人们称新几内亚岛是极乐鸟的天堂。

　　极乐鸟是世界上十分稀有的名鸟，它生活在新几内亚岛的崇山峻岭中。

　　极乐鸟分好几种，有蓝极乐鸟、长尾极乐鸟、镰喙极乐鸟等。它们共同的特点是：羽毛艳丽，能歌善舞。

　　极乐鸟的生活习性很有趣。就拿蓝极乐鸟求婚来说，它先是静悄悄地伫立枝头，低声鸣叫，随着清脆动听的歌声，渐渐把自己的身子向后仰，终于倒挂在树枝上。这时，它一身美丽的羽毛全部抖开。身体摆动，羽毛随之飞舞，如千百条彩带迎风招展。它在表演求爱的独幕剧时，总是把眼睛盯着对方，注意有无反应。雄鸟之间很有风度，会互相谦让。在"情敌"追求自己的"意中人"时，会很识相地待在一旁，直到前者求爱尝试失败，才勇敢地抖翅上场。

　　长尾极乐鸟的一对翅膀下面有一团金橘色的绒羽，平时翅膀遮住看不见，舞蹈时竖立起来，向外展开，在背部形成了两扇金灿灿的"屏风"，绚丽无比。

　　有人把长尾极乐鸟叫无足鸟，其实它是有足的，只不过它的足被埋藏在华丽的羽毛里了。

　　把长尾极乐鸟当成无足鸟还有个

故事。据说第一个捉到长尾极乐鸟的人被它的美丽羽毛迷住了，他把鸟连皮带羽毛保存起来，做成标本，却把足砍掉了。看到这种无足的标本，人们便误认为极乐鸟是一种无足鸟。结果一传十，十传百，都说长尾极乐鸟无足，是天下一奇。还有许多人把长尾极乐鸟当成神鸟。后来，英国的海洋生物学家约翰·拉逊姆不信有这种神鸟，便亲自到新几内亚岛考察，这才揭开了长尾极乐鸟之谜。

镰喙极乐鸟不但羽毛华丽，而且喜欢在海拔2000米以上的高山之巅筑巢，爱在高山之巅自由翱翔。新几内亚岛到处是崇山峻岭，2000米之上的大山很多，因此适合这种鸟生活。

这种鸟的喙像一把弯弯的镰刀，因而得名镰喙极乐鸟。更奇特的是，雄鸟的一对翅膀下面还有一对副翅膀，它们不是用来飞翔的，而是专门用来求爱的。平时不轻易外露，总是藏着，只有在逗引异性时才会把副翅张开，显示出美丽姿色。这时，它张开镰刀嘴，引吭高歌，声音响彻森林。它还会从上百米的大树顶上，突然直线下降，像片落叶悄无声息，直到贴近地面才振翅高飞，直冲云霄而去。这样做的目的是为了"一鸣惊鸟"，引起雌鸟的爱慕。

新几内亚岛的巴布亚新几内亚，是个高温高湿、地壳动荡的国家。境内多火山，多地震。地壳的频频变化，使这个岛国具有雄伟的自然景观：悬崖峭壁、山脊峻拔、河谷深陡、水流湍急。全国几乎都是山，很难找到一块平川。

巴布亚新几内亚过去长期受到外国列强的侵略和奴役，独立后战鼓、长矛、极乐鸟被用作国旗图案。这里的人民精通种植芋头、甘薯和木薯，以及甘蔗、玉米、蔬菜等。但他们从来不在固定的土地上耕种，三年两载，就要来个田园搬迁，重新开辟田园。在新开垦的土地上同时种下几种作物。套种是这里农民的特长。

巴布亚新几内亚的居民有巴布亚人、美拉尼西亚人、西非几内亚人，也有4万多外来的居民。他们都是肤色黝黑，头发卷曲的人种。分为1000多个部族。这里山多，人们居住分散，每个部族只有两三百人，因此语言相互不通，有"走出十里话就不一样"的说法。语言学家作过调查，说这个国家有700多种语言，只有英语比较通用，但多数人是文盲，因此语言交流相当困难。

这个国家广大山区的房屋建筑相当奇特，依然保留着原始部族生活的特色。森林中的多是就地取材的圆顶茅屋，沿海的是尖顶而又高跷的住屋。小的茅屋只住2个人，大的可住200人。

在第二次世界大战结束之前，这个国家绝大多数人没有跟外部世界接触过。据说1930年，一架英国飞机降落在新几内亚的高地上，许多部落立即擂起战鼓、扛起长矛，把这架飞机当成吃人的巨鸟。女人们赶紧把猪、羊藏起来，唯恐被巨鸟吞掉。他们看到巨鸟几天不走，又赶紧把祭品供奉到翼下。从这个笑话足以看出，在这里生活的人们基本上是与世隔绝的。

巴布亚新几内亚独立之后，由原始社会跨入现代世界，有了自己的航空公司，以及自己管理的种植园、渔业公司、矿业公司，开始自己管理自己的国家。

新生岛带来的灾难

赫玛埃岛距新生的火山岛苏尔采岛约10千米，面积约12平方千米，岛上有5000多人。它是冰岛与挪威之间，维斯托曼群岛中设备比较好的港口岛屿。因为这些岛很小，在世界地图上是很难找到的。新生的苏尔采岛多次发生火山喷发，给赫玛埃岛带来了毁灭性的灾难。

1963年11月14日上午7点30分，一艘小海船正在冰岛以南的海域里做捕鱼准备，突然一位船员惊呼，前方海面起火了，同时海上飘来了一股臭鸡毛味。船长感到不对劲，立即命令电讯员发出SOS求救信号。船长登上高处用望远镜观察，只见大火起处喷出通红的火山弹。海底火山喷发了！船离喷火处只有2海里，顿时在大浪中摇晃起来。船长立即把看到的一切记录下来。

当时刚好有架从冰岛起飞的客机飞过火山上空，也立即将喷发的情景拍摄下来。这时喷烟已高达3500米，火山裂谷长约300~400米，每隔半分钟就有一次大喷发，中间夹杂着一些小喷发。火山弹落进海里，溅起高高的水柱，海水也变成褐灰色。每次喷发，大海就荡起同心圆状的波涛，从飞机上拍下的照片，相当美丽、壮观。

到下午3点，裂谷长度发展成500米，喷烟高度达3600米。浓烟从褐色变成黑色，继而就喷出带白色蒸气尾巴的火山弹。火山弹呈抛物线状落入海中。滚烫的火山弹使一部分海水汽化成白雾，围住黑色喷烟，互相衬托，显得十分壮美。

11月16日，海洋中诞生了一座高40米、长600米的椭圆形新岛。有位法国科学家冒死登上新岛，把小岛取名为苏尔采岛。

1963年12月28日，距苏尔采岛2海里多的海域里，又升起喷烟，眼看又一处快要发生火山爆发了。然而很快又恢复了平静。1964年2月1日，苏尔采岛北部海岸火山喷发，新生的火山口和原来的火山口交替着喷发。结果苏尔采岛向西北方向延伸。有7名考察人员登岛时，遇到危险，因缺氧差点送命。

1964年4月4日，苏尔采岛再次喷发，火山口里涌出一条通红的熔岩流，沿坡而下，一直流进大海。熔岩流速为每秒10～20米。地质学家、生物学家开始陆续登岛考察。5月14日，发现岛上已有细菌。1965年6月初距苏尔采岛0.5海里处，又爆发一座新火山。10月17日形成了一座新生火山岛。一个星期后，这座新生岛又突然不见了。1965年圣诞节的第二天，苏尔采岛西南方数米又有新的火山爆发，形成一个小岛。第二年的8月，这个小岛也莫名其妙地消失了。

经过3年零6个月的折腾，到1967年5月，海底火山活动告一段落。苏尔采岛的火山海拔178米，全岛面积

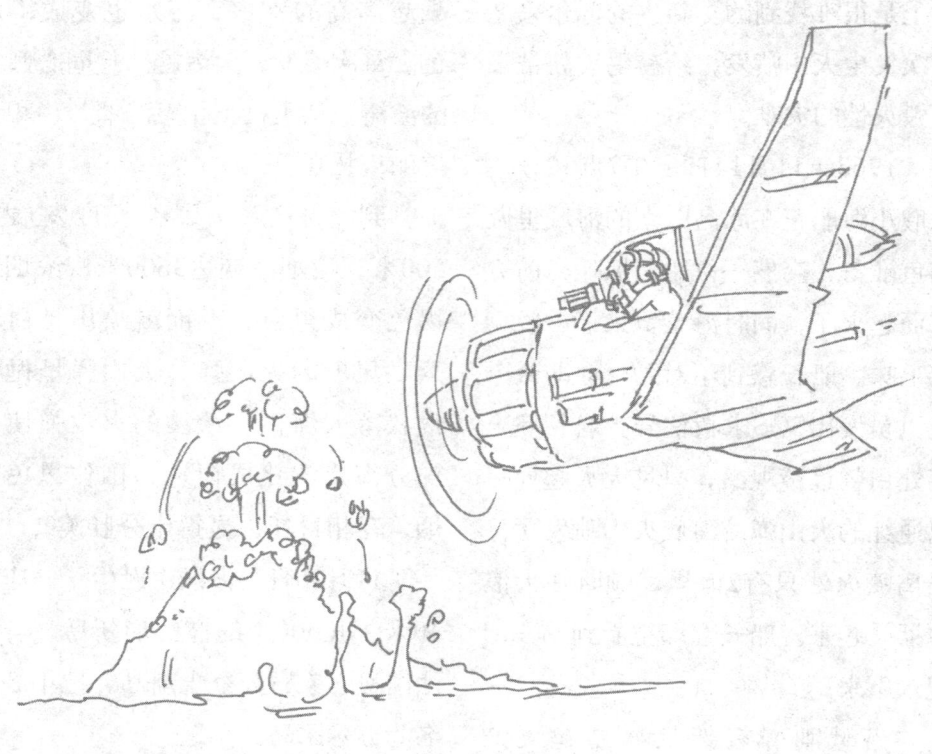

2.8平方千米。

苏尔采岛火山折腾了3年，可把离它10千米的小岛——赫玛埃岛害苦了。

苏尔采岛火山断断续续的喷发，使赫玛埃岛上的居民每天都心惊肉跳地眺望苏尔采岛，他们担心有朝一日会灾难临头。这种惶惶不安，终于变成可怕的现实。

1973年1月23日凌晨1点15分，两个半夜起来散步的人，恐慌地大叫起来，他们看到大地裂开大口子，接着里边喷出火来。这个岛东部本来有座高约200米的赫尔戈赫尔火山，火山有条裂缝长1.5千米，此刻有40多处向外喷出熔岩。那情景太可怕了，好像是用尖刀捅开了地球，从地球的切口中往外喷出浓浓的血液。

岛上警报大作，居民拿着一些食品和衣服，抛弃家园，逃到安全地带。无线电台不断发出求救信号。冰岛电台当天早晨作了报道。

裂谷中岩浆喷发强度不一，市镇东边最为强烈，有好多处喷出火山弹，不断把房子引燃。

1月23日的喷发最为强烈，整个市镇完全被喷出来的黑色火山渣和火山灰覆盖，一些房子被熔岩淹没，起先还能看到房顶，第二天完全毁灭在烟灰中。6天之后，火山喷发变弱，只有裂口中央还在喷火，接着出现了新的火山锥。1个月左右，火山形成160米高的圆锥形。2月8日，熔岩流到距岛上最重要的港口约180米处。在紧急关头，当局动员人们用海水泼向熔岩，便其改变流向，结果获得成功。到3月中旬，火山锥高度达200米，岛的面积扩大了1.7平方千米。到1973年8月，火山才真正宁静下来。岛上居民经过6个多月噩梦般的折磨，到此刻才敢合上眼睡一会儿安稳觉。

复活节岛上的巨石像之谜

复活节岛面积有117平方千米，呈三角形。岛上有三座死火山，整个岛都被火山熔岩及火山灰覆盖着，既没有一条河流，也没有一个湖泊。由于自然条件很差，因而生物很少，老鼠是全岛唯一的野生动物。

罗格文上将踏上岛时，就被岛上的景色惊呆了。山峦起伏，层峦叠嶂，雷诺拉科火山的身影在蔚蓝的天幕上显得雄姿挺拔。在岛的南端，他们发现了一堵巨大石墙的残迹，石墙后面耸立着几百尊石雕像。这些巨大的石像面朝大海，排列在海边，身上刻着人物和飞禽的花纹。每尊石像至少有10米高，都是用整块石头雕成的。石像下面还有巨大的石基。石像的面部表情十分生动：有的安详肃穆；有的怒目而视；有的似乎在沉思默想；也有的满脸横肉，杀气腾腾，使人望而生畏。这些石像都拖着长长

耳垂，头戴"王冠"。

罗格文上将一尊尊地数去，共有500尊石像，另有150尊未完成的石像躺在火山脚下的碎石堆里。他们还发现了石锛，这无疑是雕石的工具。

1770年，罗格文率领考察队再次登上了复活节岛，又发现了独特的文字。这种文字叫"柯赫乌"，经文字专家们辨认翻译，它的意思是"会说话的木头"。但这又是什么意思，始终是个谜。

最大的石像高21米，头高11米，鼻子长4米，它躺在碎石堆里。其他一些重达几十吨的石像已运到海边，安放在石基上。这些石基一般长60米、高3米。这些石像头部的最高部分是一顶也是由石头雕刻而成的圆柱形的红帽子。这种帽子是在火山脚下的碎石场里制成的，最大的重30吨，高2.5米，直径为3米。

科学家对这些石像的雕刻、安装、运输所需的劳动量进行了估算，发现它并不比埃及金字塔所需的劳动量少，而金字塔是几十万劳工在皮鞭下建成的。在欧洲人发现复活节岛时，这里只有5000多个波利尼西亚人，他们过着两三百人为一个部族的生活，根本不知道什么叫集中的权力。这就给人们留下了一串难解的谜：他们为什么要造如此巨大的石像群呢？是用什么办法把如此巨大笨重的石像运到海边、戴上红帽子的呢？为什么又突然停工了？这数十万劳动大军又是怎么消失的呢？科学家被这些问号迷惑着，希望能寻找出答案。

科学家对复活节岛上的奇迹，首先是从现场开始分析。火山脚下的石场上是突然间停止工作的，何以见得呢？因为有些石像正准备往海边运，石头制作的工具杂乱地堆放着。因此科学家认为，一定是岛上发生了突如其来的大灾难。到底是爆发了奴隶起义呢？还是发生了风暴和大洪水呢？还是发生了火山和地震呢？灾难来得很突然、很猛烈，把雕刻家们一扫而光。到底是什么巨大力量卷走了数以万计的劳动者呢？科学家解不开这个谜。

科学家在调查中还发现，从18～19世纪，有许多探险家、航海家、科学家来岛上考察，他们见到的石像大都是立着的。可是后来立着的越来越少。1838年，英国海军上将裘别基·多阿尔上岛时发现，岛上只有9尊石像竖立在石基上。可到1850年之后，上岛的人们再也见不到一尊立着的石像了。这些目睹者的记录，又再次说明石像是突然受到某种巨大的力而倒下的。

1862年，智利的海盗突然袭击了复活节岛。他们把岛上的男性居民统统抓起来，押上船，送到智利的钦查岛上去采鸟粪。此举引起世界各国不满，在英国、法国出面干涉下，海盗们不得不把活下来的近百名幸存者送回复活节岛。谁知在航途中发生了瘟疫，只活下来15个人。那时全岛只剩下111人。这些人对自己民族历史几乎一无所知。后来罗马教皇来岛上传教，这些岛民信奉了基督教，同自己民族的文化联系就这样切断了。

前苏联科学家奥勃罗契夫认为太阳活动的加剧使地球两极的巨大冰层开始融化，海水上升，淹没了近海低地，有些地方甚至发生了风暴和地震。复活节岛周围很可能是城市和人口密集的广阔低地。在冰期结束时，水开始淹没较低的海岸。面对滔滔海浪，岛民们匆忙地雕出了面部表情严峻的石像，并把它们排列在海边，以期阻挡海水的进攻。但这一美好的愿望并没有实现，波涛还是吞没了陆地。

20世纪20年代，美国地质学家恰勃带领一支考察队对复活节岛及其岛东北方向的海底进行了考察，证实了附近海域很早以前是陆地。对复活节岛上的岩石进行了分析后认为，它们是典型的大陆岩石。

但是也有不少科学家反对这种说法，认为这种说法证据不充分，小范围内的地质探测是不能断定复活节岛周围海底就是陆地型的。

双方争论不休，但是对复活节岛上的巨石群像的存在，科学家们至今还不能找出令人信服的答案，因而它仍然是个没有解开的科学之谜。

海豹的王国

普里比洛夫群岛位于阿留申群岛以北200千米，由4个岛屿组成。最大的圣保罗岛面积35平方千米，居住着约550名阿留申人，是这个群岛的经济文化中心。这个群岛是海豹的王国，这里的人都以捕海豹为业。

夏季，你若是到圣保罗岛去旅游，一定会为那里的海豹惊叹不已。岩石上、海滩上，大大小小的海豹拖着后肢，爬来爬去；海面上的海豹时浮时沉，万头攒动，犹如千军万马的大军。它们吼叫着、喧闹着，那声音震耳欲聋，好像是海豹在赶庙会似的。这就是海豹王国繁殖季节的情景。每年夏季差不多有100万头海豹（占全世界海豹总数的80%）要到这些群岛上生儿育女。它们是地球上最大的海洋哺乳动物集群。

这个海豹王国是俄国探险家普里比洛夫偶然发现的。1786年春天，普里比洛夫奉俄国女皇叶卡捷琳娜二世的命令带探险队出海探险，大雾中意外地发现了这个荒无人烟的海豹的栖息地。为了开发毛皮资源，俄国人强迫阿留申群岛上的居民迁居到这个荒岛上。

1867年，美国向俄国买下阿拉斯加和阿留申群岛、普里比洛夫群岛等地。近年来美国人采取了措施，限制阿留申人捕杀海豹的数量每年不能超过24000头，并规定只有在每年夏季的5个星期内可以捕杀，联邦政府支付美元收购全部海豹皮毛。

在开杀戒的这一天，电视台摄影记者、报社记者，还有动物学家、动物保护组织和旅游者都蜂拥而至。

捕杀场面相当残酷和血腥。清晨，在大雾笼罩下，捕猎者就从海上把海豹驱赶到岛的草坪上，那些雌的和小幼仔都被赶到一边，只把雄的留在草地上。这些"光棍单身汉"还来不及弄清到底会发生什么事时，阿留申的猎手们围成人墙，举起棍棒，劈头盖脸向它们猛打，把它们击昏。手持尖刀的屠手紧接着将尖刀插入它们的胸腔，剖出心脏。随后是割裂者，他们用刀剖开海豹肚皮，割掉肢鳍。最后是扒皮者，他们用钳子将冒热气的海豹皮扒下。熟练的屠宰小组可以在一分钟内完成上述动作。

剩下的海豹肉、脂、肢鳍、心脏和肝脏、肠子、骨头分给岛民们，他们把肉和内脏当做饵料和雪橇狗食卖掉，骨头则有专门的公司收购。

许多参观者看到这种血腥屠杀的场面，都感到万分惋惜。可是阿留申人却把它看得像收割庄稼一样，年年如此，这是他们生活的主要来源。每年夏天的头5个星期，确实是海豹王国的灾难之日。

无论俄国管辖也好，美国管辖也好，他们看中的都是一样东西，那就是海豹身上的毛皮。海豹皮经过精制加工，柔软蓬松，像绸缎般光滑美丽。皮的绒毛密实，平均1平方厘米的面积上有62500根毛。号称"毛皮之王"的貂皮，在相同的单位面积上只有海豹毛数的一半。小海豹的毛皮更是轻、软、暖，制成的裘皮大衣件件都是"千金裘"。在欧洲市场上，一件海豹皮大衣价值3000～5000美元。

珍稀动物的乐园

在太平洋东部，北纬1°40′至南纬1°25′之间，大约在7500平方千米的海面上，散布着一群火山岛，人们把它称为加拉帕戈斯群岛，又称科隆群岛。它由17个大岛和100多个小岛组成，属厄瓜多尔管辖。圣克鲁斯岛是这个群岛中的一个，这里被称为世界珍稀动物园。

这片群岛，是由150万年前海底喷发出来的岩浆形成的。它孤悬在太平洋之中，十分荒凉，被视为不毛之地。过去连探险队也不愿上岛歇脚，人们把它称为"绝域"。

1832年厄瓜多尔政府决定用它来放逐死囚，允许死囚犯在绞刑架与这片荒岛两者之间选择一个去处。因此一批批"死囚"来到岛上，科隆群岛成了令人生畏的"罪犯岛"。

1835年，26岁的达尔文率领探险队，登上了这片荒岛。他在这片荒岛上奔波，有了许多发现，终于完成了他的巨著《物种的起源》。125年之后，联合国教科文组织为了纪念达尔文，在主岛圣克鲁斯岛上建立起研究所，保护和繁殖这里的珍稀动物。

从地理纬度来看，加拉帕戈斯地处赤道，应该是个大火炉。可是令人难以置信的是，这里却是一派南极风光，与热带景观风马牛不相及。岛上寒冷干燥，植物稀疏，即使在夏天的夜晚，也寒风阵阵，年平均气温才20℃左右。

据说有一艘从热带其他地方开来的船在海上遇难，十来个船员赤膊光身划小船登上其中一个岛，他们以为这儿是在赤道附近，没有什么冬季。谁知他们在这里竟冷得只好藏在洞里，到处寻找柴草生火过夜。后来一阵狂风暴雨把火种扑灭，船员们都冻死在这个小荒岛上了。

为什么赤道地带会如此寒冷呢？据科学家考察，赤道上冻死人的事发生过多次。1918年2月，一支40人的探险队在攀登非洲中部卢旺达和扎伊尔边境的一座高峰时，有一半人在赤道朝阳下冻死。厄瓜多尔的科托帕克希峰终年冰天雪地，在那里也发生过登山队员冻死的事情。

这种南极风光是由秘鲁寒流造成的；这股巨大的寒流把南极附近海域的冷水源源不断地送到赤道附近。冷水沿着南美洲西岸向北流动，到达赤道附近时，加拉帕戈斯群岛首当其冲，被冷水团团包围起来。这好比群岛上安装了制冷设备，不但起到降温作用，还因寒冷减小了空气中的湿度，因而加拉帕戈斯气候寒冷而干燥。这就是赤道的南极风光之谜的谜底。

圣克鲁斯岛上，每年都有少量的南极长住"居民"——企鹅到这里安家落户。这种赤道附近的企鹅同南极的差不多，也有"绅士"风度，只是个子比较矮小。据科学家调查，这片群岛上有几千只企鹅。它们的祖先生在南极，它们很可能是乘冰山漂移到

这里的。

圣克鲁斯岛上依然保留着世界其他地方早已绝种的野生象龟。这些龟主要吃岛上低矮的葛藤和仙人掌。它们7000万年前产于南亚，最大的直径可达1.5米，重230千克。现在群岛上也只残存千把只了。科学家正在用人工饲养的方法来繁殖象龟，一般要养10年左右，等龟壳坚硬了，才放回荒岛上，这样象龟才能经得起野猪、野猫、野狗等动物的伤害而生存下去。

除了象龟之外，岛上还有世界其他地方早已绝种的鬣蜥。这种动物重达15千克，长达120厘米，黄褐色与象牙色相间。它们与南美大陆上产的身躯较细、重量较轻而善于爬树的南美鬣蜥是近亲。它们腹部粗大，不会攀爬，只能藏于地洞中，因此成了野猪、野狗捕食的对象，岛上鬣蜥的数量因而也越来越少。

这里还生活着一种世界上独一无二的鸬鹚鸟。这种鸟丑陋得很，全身乌黑，翅膀已退化得不能飞翔，身体两侧的羽毛成了装饰品，只有几根了。科学家们对鸬鹚的"退化"进行了研究，认为这是因为这一带海域的鱼虾太多了，用不着费劲就能随时随地满足需要，久而久之，翅膀就退化了。

鬼岛比基尼

比基尼岛位于马绍尔群岛的最北端，是一座由23个珊瑚礁的岛屿组成的环礁岛，岛中间有个大渴湖，湖长35千米、宽17千米。过去这个海岛曾经是风光优美、盛产金枪鱼和椰子的美丽小岛，可是美国把它作为核试验基地，进行过23次核弹爆炸试验，使之成了一个死光弥漫的鬼岛。核弹爆炸之后的比基尼岛是什么样？如今比基尼岛又变成什么样了呢？

1946年的一个星期日，美国海军准将本·韦特来到了比基尼岛。他会见了刚做完礼拜的比基尼人，对他们说：美国要在此岛做一项有益于人类的科学试验，岛上的居民要迁到别的地方去。假如比基尼人愿意合作，美国政府将为此而感到高兴。美国军方向你们保证，试验结束后，你们可以重返家园。至于搬迁造成的损失，美国政府将一次性付给比基尼人2000万美元。

善良而又不知内情的比基尼人，接受了这个要求。岛上头人代表说："假如美国科学家们是为了未来发展而使用我们的岛屿，并给人类带来仁慈和利益，我的人民将愿意迁往他处。"双方签订了协议，比基尼岛上11个土著人的家庭共161名成员，乘一艘美国海军坦克登陆舰离开了家园。他们根本不知道美国人将在岛上搞什么科学试验，更不知道这一切与原子弹有关。当时一切都是绝密的。

1946年7月1日，一架B—27型轰炸机出现在比基尼岛上空，飞机肚皮下的弹仓打开了，一个巨大的黑色东西以每小时480千米的速度落向环礁渴湖内。那里停泊着航空母舰、战列舰、巡洋舰等93艘各种舰船，足有15平方千米的方阵，但空无一人。9点34分，这坠的黑东西在150米的高度上爆炸了，发出一道强烈闪光和天崩地裂的巨响。

这次爆炸标志着美国在太平洋进行的核试验开始了，从此世界上知道了太平洋之中有个神秘的比基尼岛。而从前美丽寂静的比基尼岛上，花草树木、兽鸟鱼虫和房屋顷刻间化成灰烬，只是湖内多了一个直径1.6千米的大弹坑。

在这次大爆炸中，只有一个人发了横财，那就是法国泳装设计师里尔德。大爆炸使他产生灵感，巧妙地设计出"三点式"女子泳装。这种泳装首次上台表演，就像原子弹爆炸一样轰动了巴黎城。从此，"比基尼三点式"女子泳装就在世界上流行开了。

美国人好容易找到这块"宝地"，当然不肯闲着。为了同前苏联人争霸，一次又一次地试验，先后在比基尼岛上进行了23次核弹爆炸。

美国人为什么看中比基尼岛呢？据说有两个原因：第一，这里的气流

和潮流便于测量，扩散范围小；第二，这里的渴湖很大，与四周海岛距离较远。

实际上并非如此。1954年美国在比基尼岛上爆炸了一颗代号为"亡命徒"的氢弹。这颗当量为1500万吨级的氢弹是美国曾经生产过的威力最大的武器，当量超过投在日本广岛、长崎的核弹的100倍以上。强光闪过之后，巨大的蘑菇云卷带着珊瑚粉末直冲九霄，而突然转换的风向又把"比基尼雪"散布到12万平方千米的海域内，使马绍尔群岛中的250个岛遭受污染，带来了一场大灾难。

附近龙格里克岛上气象台的38名工作人员喉咙灼伤，变成哑巴，有的得了怪病很快死去。还有些岛上的土著孩子缺乏科学知识，发现突然降的"雪"好玩，抓起来往嘴里塞，结果全成哑巴。有两个岛上75%的10岁以下儿童患甲状腺肿瘤，婴儿畸形，成人没有活到50岁就命归黄泉。许多人头发脱落，牙齿脱落。

更倒霉的是在比基尼岛附近捕鱼的日本渔船"福龙丸"5号。该船船长突然发现夜间西边升起太阳，光芒刺眼，早晨又发现船甲板上落满白灰。他是个当过兵的人，感到不妙，怀疑是原子弹爆炸，便下令高速返航日本。结果回到日本三天之后，接二连三的怪事发生了：有人呕吐；有人头发大把脱落；还有三四个人阴毛脱落，生殖器开始肿大。接着全体船员住进了医院。

日本科学家、医学家对此极为重视，全力抢救，但却无效。第一个见到西边升起太阳的船长半年后死去。经解剖发现他的肝缩小到只有原来的1/5大，全部血管内壁变黄，造血系统毁坏，全身萎缩至不足原身高的一半。后来其他船员也得怪病，都久治难愈。

可以说，这是世界上第一批受氢弹危害的人。

挨了23颗核弹的比基尼岛，如今变成什么样子了呢？1985年比基尼人和美国议员及记者组成一个代表团，到比基尼岛考察。那时离停止试验已快30年了。岛上树木已郁郁葱葱，鸟儿重新在飞翔，渴湖内鱼儿在游。比基尼的几位老人还抓住一条5千克多重的金枪鱼，捕获到一头100千克重的海龟。从表面上看，几乎看不出这是挨过原子弹、氢弹的海岛了，死岛又变成了生机盎然的美丽海岛。在这之前的1971

年，先后有一些比基尼人因留恋故乡，要求返回比基尼岛。美国总统也声称，岛上完全可以住人了。

但是，1978年科学家在岛上观察发现，有一种称为铯^{137}的元素吸入人体之后危害极大，而这种铯^{137}就藏在土壤之中，对那些迁回岛的比基尼人体检发现，铯^{137}元素的吸入量全超过标准。这批比基尼人只好立即又撤出该岛。科学家还发现，动物和植物中都有核污染，唯独老鼠身上找不到核污染，而且只只长得很壮实。老鼠既没有残疾，也没有畸形，后代都很健康。老鼠到底为什么能抗住核辐射呢？这成了一个科学之谜。

时间又过去十来年了，植物在核污染中顽强地活下来了，鸟也活下来了，但寿命短多了。核物理学家实验发现：铯^{137}半衰期长达30年，也就是说核污染30年只能减少一半，留下的一半过30年还有1／2存在，按照这个速度计算，最少要经过90～150年，人才有可能在岛上生活。

可见，比基尼岛要脱掉"鬼岛"的帽子，最少还得90年。

我国第一大热带渔场

有人说西沙、南沙海域一半是鱼，一半是海水。此话虽然夸张了些，但水产资源丰富，鱼群很多却是事实。可以说西沙、南沙是鱼的世界。

西沙、南沙群岛海域主要盛产红鱼、鲨鱼、旗鱼、金枪鱼、马鲛鱼、沙丁鱼、飞鱼和彩色蝴蝶鱼等30多种，多数经济价值都很高。还盛产海参、海龟、鱿鱼、乌贼、章鱼、贝类、蟹、龙虾和藻类等等，是我国第一大热带渔场。

西沙、南沙群岛海域鱼类之多，是其他海域难以比拟的。每当舰船航行到这一带海域时，首先来迎接的是成群的飞鱼。它们抖动着银色"翅膀"，破水而出，像箭似的射得很远，最远者能飞数百米。某军舰上有位水兵，早晨正在甲板上洗脸，突然呼的一声，一个东西掉进脸盆。当他

仔细看时，立即喜得惊呼起来，原来是一条飞鱼掉到脸盆里了。航行中海面上还经常可以看到集群的鲨鱼裸露着背脊，紧跟着军舰遨游，有时有好几百条。水中鱼群游动时，经常把有规则的波浪扰乱，造成一片碎细的浪花，跟周围海面形成鲜明对照。有经验的渔民看到，就会追踪下网。这时水下鱼群往往厚达三层楼那么高，队伍长达数里，一网就少不了几万斤。

西沙、南沙群岛礁盘很多，网捕是很困难的，渔网易被划破。因此渔民主要是靠垂钓。也许有人会感到这样产量太低了。其实南沙是鱼窝子，钓鱼速度之快，陆上的人们是很难想象的。永署礁施工时，人们为了活跃文娱生活，开展过钓鱼比赛，优胜者不到2小时，就钓起120条，直到身边的铅桶盛不下才收场。他的记录是平均每分钟钓1条。钓到最大的那条

是鲨鱼，有400多斤，人们像拔河一样，费了好大劲儿才把它拖上岸来。

西沙、南沙海域经济鱼类比较多，特别是花纹石斑鱼和黄鳍金枪鱼。这两种鱼味鲜、肉嫩，营养价值高，在港澳一带被视为餐桌上的佳肴。黄鳍金枪鱼，南沙渔民叫"炮弹鱼"，美国人称为"海鸡"。这种鱼浑身滚圆，青褐色的斑纹，头大而尖，尾柄细小，一般有三四千克重，大的有上百千克。0.5千克的金枪鱼肉在日本的餐馆售价是50美元。金枪鱼是热血动物，体温高，新陈代谢旺盛，这使它反应敏捷迅速，被称为超级猎手。

南沙渔民垂钓有两种方法。一种叫拖钓法，渔民们立在船尾或两舷，把钓线抛进海里。他们用的渔线有小拇指粗，钩也很大，像只小铁锚，有三四个齿。钩上的鱼饵既不是蚯蚓，也不是沙蚕，而是一片白色羽毛，或是一张鱼皮，有时是一条白布。渔船拖着鱼线行驶。石斑鱼和金枪鱼都很凶猛，喜欢追吞活动目标。船一开，

那渔钩上的羽毛或白布，在蓝色海水中很醒目，金枪鱼和石斑鱼发现后，以为是猎物，马上发生兴趣，穷追不舍，看准机会就突然袭击，闪电般一口吞下。那锐利的钩子钩住肚皮，越挣扎钩得越牢。这时手拉鱼线的渔民马上感觉到鱼线沉重，钩上有鱼，只要一拖就行了。

第二种是深水垂钓法。船是固定的，鱼钩往海里一扔，那线垂直沉到海底，鱼上钩后一拉就行。这种钓法很有意思，因南沙水很清，一眼能望到40米深的海底，肉眼可以看到水下的鱼群。钓鱼时可以任意选择，看见哪条鱼大，就把钩往那条鱼嘴边送。从海底钓上来的大多是红色海绯鲤和黄色石斑鱼。有时也能钓上1.5千克多重的大龙虾。

南沙海域为什么鱼这么多呢？据海洋生物学家考查，主要有三个原因：第一，水温适宜，平均温度在28℃～31℃。深层海水和表面海水层上下对流，而深层的水带有更多的浮游生物，是鱼群生活最适宜的条件。第二，有大批的珊瑚礁，这是鱼群生儿育女的最好环境，它使鱼群既能避免敌害和风浪，又可获得丰富的生物饲料。第三，南沙海域非常洁净，没有污染，很适合鱼群的繁殖。

随着科学的发展，南沙水产资源会得到进一步的开发。在捕鱼的技术上，采用灯光围捕法、音乐围捕法和电场吸力围捕法都很有发展前途，可以将产量大幅度地提高。

鲣鸟的天堂

美丽的西沙，有个神奇的鸟岛，名叫东岛，又称和五岛。它是为纪念16世纪一位反抗殖民者的起义领袖潘和五而得名的。东岛屹立在一个巨大的珊瑚礁盘上，呈新月形。岛上有灯塔，驻守着海军。我们一靠近那个海岛，就被那里的景色迷住了。粗壮的麻枫桐上，高高的伞形椰子树上，还有海边绿油油的羊角树丛，都披着一层棉絮似的"厚雪"。那就是鸟群，是东岛的特产鲣鸟群！

东岛下了"六月雪"。我拿着照相机，向树林跑去。鸟群被我的脚步声惊动，哄然飞起，把朝阳都遮住了，落下时好像天上落下的白云。那些在母鸟带领下的小鸟，毛茸茸像个棉花团，在海滩上滚来滚去。

海军战士们称鲣鸟为南疆"和平鸽"。听说小鲣鸟长大后，身上的"毛衣"换成"丝绸"，就像结婚礼服，洁白而庄重。鲣鸟喙强而平直，双眼周围黄绿，双脚有鲜红足蹼。

我发现一只小鸟走近我的身边，就伸出手轻轻去抚摸。战士们赶紧阻止我，说："小鸟不能伸手抚摸，对它们的鸟窝也不能动，更不能把吃的东西放到窝里。""为什么呢？"战士们说："鲣鸟的母亲生性古怪，只要有人抚摸过它的子女，或者窝里子女移动了位置，母鸟发现后，就要断绝母子关系。小鸟是靠母鸟从海里抓鱼喂大的，不吃任何别的东西。母鸟一旦发现孩子不按它的规矩做，它就不再理睬子女，直到眼睁睁地看着子女饿死。"

战士们告诉我，有一次台风来了，许多小鸟被刮到地上。开始大家不了解鲣鸟的性格，从地上把它们抱回到树上的窝里，结果母鸟认为子女擅自离开指定位置，不再承担哺育责任了。有300多只小鸟就这样活活饿死了。

"你们就不能自己代替母鸟喂食吗？西沙有的是鱼虾！"我出主意说。战士们说："全试了，不成，小鸟绝食了，直到饿死。"

这一席话提醒了我，难怪世界上这么多动物园里，就是没有一只人工喂养的鲣鸟，原来秘密在这里啊！

中午，我在营房里休息。天热得像个蒸笼，从厨房那儿传来汪汪的狗叫声，吵得人难以合眼，我只好到厨房边看个究竟。我发现一只黄狗被拴在一棵梧桐树上，旁边放着4只血淋淋的鲣鸟。我伸手想去解绳子，把狗放掉不就不叫了吗？旁边一位哨兵马上过来说："记者同志，不能放！它犯了错误，正在关禁闭呢！""啊？黄狗犯什么错误？"哨兵说："今天早晨5点半时，它出去巡逻，结果跟鸟群玩起来了。东追西追，高兴过头，一下子弄死4只

鲣鸟，闯下祸了。队长宣布禁闭两天！"我这才明白，这4只鲣鸟是被它咬死的。爱鸟是这里每个战士的任务，对狗也一样呀！

"在岛上养狗，能不伤鸟群吗？"我这一说，哨兵笑了。他说："养狗是为了对付鸟群的天敌——耗子。狗抓耗子，在我们这儿是正事。这里的耗子不得了，每只重一二千克，可厉害了，能偷吃小鸟。我们夜里睡觉都得小心，弄不好脚后跟和鼻子会被老鼠咬了。"

"那就养猫来对付老鼠！"哨兵笑着说："别提了，野猫子根本抓不动老鼠，却专门偷吃小鸟。"对哨兵的话我还有点半信半疑。那天果真亲眼看见了。我们路过羊角树下时，突然发现一只30多厘米长的耗子，肥得肉鼓鼓的，大模大样地在前方爬着。有人接近它，它一点不害怕，还不时回头看看。队长用哨子发出信号，3只狗立即把耗子包围了。那耗子往羊角树洞里钻，但很快被狗抓住。

"野猫又为什么要吃鲣鸟呢？"我好奇地问队长。他说开始猫从树下走过，偶然从鲣鸟嘴里落下一条鱼，于是猫就来个"守株待兔"。有时，它就主动进攻，上树捕捉鲣鸟，把

鲣鸟咬死，破开嗉囊，从中取出鱼来做美餐。每只野猫每天要吃4只到8只鲣鸟，每月200多只，每年就2400多只！每年消灭2只到5只野猫，鲣鸟就能增加5000到1万只啊！这个数字是惊人的，难怪野猫成了大家的"天敌"。战士们每年都要发动一次大围剿，从树洞里、草窝中捕捉野猫。而狗在这样的战役中充当了尖兵，因此东岛养的狗成了海鸟的卫士。

一天早晨，队长把我带进了一片树林里。我们踩着松软的褐色泥土，只见在泥土中间，立着一根标尺，用红油漆刻着数码和刻度。队长指着标尺说："这就是有名的鸟粪磷肥，我上岛10年来，粪层已增高5厘米。这是一座天然化肥厂啊！鸟群就是这个工厂里的'工人'啊！"

"鸟粪土值钱吗？"我问队长。他说："比大米贵得多，1500克鸟粪土能换一二千克大米呢！"接着他就介绍起历史。当年日寇侵占西沙时，开采鸟粪土运往日本，从西沙、南沙夺走鸟粪土约六七万吨。听科学家们说，25千克鸟粪土可提炼出5千克咖啡因，因此它是珍贵的资源。

我终于明白了，鸟群就是一座自然界的化肥工厂啊！

西沙、南沙群岛海域鸟的种类很多。据科学家考查，有数十种，主要有鲣鸟、强盗鸟、海鸥、海燕，以及大型海鸟信天翁。数量最多的是栖息在树丛中的鲣鸟。在麻枫桐的树杈上，鸟窝一个挨着一个，数也数不清。鲣鸟性格温顺，不怕人，特别是正在孵蛋的雌鸟，即使用木棍捅它，它也不会弃蛋而走，最多伸开翅膀扑腾几下，然后又蹲下来尽它的天职。有时人们抱它在身边照相，它也不怕生，不飞走。鲣鸟性格很坚强，尽管南海风大浪险，每年要有数次树木被拔掉，窝被刮走，家园被毁坏，有时还要忍饥挨饿达十天半月不能进食，但鲣鸟热爱故乡，不迁移。风过后又立即重建家园，再生儿育女。

西沙、南沙群岛的海鸥种类很多。有红嘴鸥、黑枕鸥、凤头燕鸥、白燕鸥等等。红嘴鸥不但是抓鱼能手，也是消灭虫害的英雄。白燕鸥是抓老鼠的能手，1200只白燕鸥3个月就能吃掉老鼠25万只。这种鸥喜欢集群，往往数百只一块儿在海面飞翔，越是暴风雨来临的时刻，越是展翅高飞。

海鸥是气象预报员，渔民往往看海鸥飞翔来判断海上天气的变化。比如，海鸥飞翔过程中接触水面，未来天气将是不错的；如果海鸥沿岛岸徘徊，那么天气很快就要变坏；如果海鸥离开水面飞得高高的，那就预示着大风即将来临。

强盗鸟是一种黑色、性情凶猛的

海鸟。这种鸟自己不捉鱼，专门拦路抢劫，从别的鸟嘴里抢食。在南沙、西沙，人们可以经常看到，强盗鸟用嘴猛啄鲣鸟的脖子，鲣鸟受不了，嘎的一声叫，嘴里的鱼就吐了出来，强盗鸟立即抢了就走。这种鸟教子也很严厉，经常可以见到它们带领子女在海滩上飞，母鸟从空中把嘴里的鱼往下掉，要小鸟边飞边接住，如接不住就揪住小鸟狠狠地用嘴啄，要它再重来，直到把鱼接住为止。因此，几个月大的小强盗鸟就学会拦路抢劫的本领了。

信天翁是一种巨鸟，翅膀展开有几米长，从海上或船舰桅顶滑过，有时人们会误认为飞机来了。这种鸟的嘴是玫瑰红色，羽毛是洁白的。

很久以来，鸟群就是南沙的重要资源。在我们祖先开发南沙的历史中，"鸟肉干"便是重要的产品。许多老渔民说，从前南沙鸟群比现在还要多，夜间岛礁上挤满了鸟，伸手一把就能抓上几只。人们把鸟装进麻袋，然后浸泡在海水里淹死，再割下胸肌和腿晒干，运到南洋或海南岛能卖个好价钱。当时鸟多成灾，渔民吃饭不小心，碗里的食物会被鸟抢光；睡觉不小心，眼珠也会被叼走。渔民们亲眼见到过鸟群竟然把生病的渔民啄死吃掉的情景，还亲眼见到过鸟群把海龟抬上天空，然后扔下来砸在礁石上，把龟壳砸碎，成千上万只鸟便把海龟生吞活剥吃掉了。这种传说是可信的。在第二次世界大战时，美国军队在太平洋的一个海岛登陆时就受到过鸟群的攻击。许多士兵眼珠被叼走，四肢和脸被啄伤。最后不得不用大炮、坦克向鸟群进攻，这才登上那个海岛。

现在鸟群受到保护，没有人再去生产"鸟肉干"了。

鸟群也是建造和绿化海岛的"园艺师"。鸟粪多了，改良了珊瑚沙。粪里还常带着植物种子，不但使海岛增大了，还为海岛披上了绿装。

南海诸岛海域为什么有如此多的鸟群？据专家们说，主要有这样几个原因：第一，南海岛礁沙滩多，水浅，微生物和鱼虾多，食料丰富，这是吸引鸟群的主要原因。第二，南海气候适宜，没有冬天，非常适合鸟群的生活，用不着再去迁移。第三，南海没有污染，生态环境好，居民少，对鸟群没有侵害和干扰。由于以上种种原因，就使得鸟群恋上了这片土地，把这里当成了它们的极乐世界。

台湾兰屿岛

台湾东南方向附近，有一座小岛，叫兰屿岛，它是台湾少数民族雅美人的天堂。雅美人以捕鱼为生，是个能歌善舞的民族。

雅美人至今还保留着一种古老的待客礼节——点鼻礼。当客人来到时，长辈手执熊熊火把，在欢迎的人群中，以亲切友好的姿态，用自己的鼻子轻轻摩擦来客的鼻尖片刻，然后再致欢迎词，以表示对客人的热烈欢迎。

雅美人的年节也很有特色。妇女留着长长的头发，并梳成一个别致的"髻"。每逢春节，她们便将长发垂下，在村寨草坪上踏着鼓乐之声翩翩起舞。她们的头发忽前忽后、一起一落有节奏地甩动着。据说春节跳这种头发舞，为的是祝愿父母长辈延年益寿。

雅美人最隆重的节日，是飞鱼祭。每年5月，台湾春光明媚，丰收的愿望寄托在高山、平原，也寄托在大海上。雅美人身穿绚丽的节日盛装，喜气洋洋地走出家门，走向海边，参加一年一度的飞鱼祈祷祭盛典。

在海岛的海湾里，一艘艘绘有五彩图案的木船整齐地排列成行，渔船两端翘起，像是遥望着大海，焦急地等待着出航去捕鱼。

男子汉们头戴锃亮的头盔，腰佩长剑，手腕上12个闪闪发光的银镯与头盔、长剑交相生辉。那模样像是武士要出征沙场。他们轻松愉快地来到海滩上，手上拿的却是炊具和小猪、公鸡。

飞鱼祈祷祭开始后，船长们代表众人登上木船，走到船首尖端，面向大海，恭敬地做出邀请的姿态，一面挥舞着手中的鸡和猪，一面高呼着飞鱼："来！来！来！"乞求大海龙王给他们带来丰收。

随后，船长们回到海边篝火前，持刀割断公鸡和猪的喉管，将鲜血注入盘中。人们一哄而上，站到盘前，用手蘸上鲜红的血，跑到海边涂到一块块鹅卵石上和一只只木船上，又拿起一节节竹筒，把血盛起来，准备晚上出海时撒到海里献给海神，以求捕鱼者平安无事。取血后的鸡和猪，当场煮熟，和芋头、地瓜一起祭海。这时德高望重的男性长者站到高地上，向全体人讲话，嘱咐大家遵守传统习惯，保持良好秩序，敬重神明等等。

讲话毕，参加仪式的男子汉们组成浩浩荡荡的队伍围绕村子游行一周，然后便聚集到各自的船长家里会餐，欢庆鱼祭。

天黑之后，一条条火龙从村子里窜出，拐弯抹角地"游"到海边，这是船长们带领自己船上的男子汉们，高举火把出发了。只听一声令下，一艘艘木船如离弦的箭，离开海滩，向大海射去。

为什么要举火把？为什么要带鸡血猪血呢？这里除迷信的因素外，还有些科学的道理：飞鱼有两个特性，一是见到火光就跃出海面，集群而

来；二是飞鱼嗅觉灵敏，对血腥味尤其爱好，闻到血腥味就好像蜂见到蜜似的，会成群结队飞进网里。雅美人摸透了飞鱼的习性，因此用火把和鸡血、猪血来吸引飞鱼，这样捕捞就更有丰收的把握了。

飞鱼为什么不安分游泳而要冲破水面飞翔呢？原来，飞鱼在被金枪鱼等肉食性鱼类追赶时，会以极快的速度用长而有力的尾柄和尾鳍下叶猛击水面，使身体腾空而起，继而展开"翅膀"——胸鳍，以每秒18米的速度滑翔。在漫长的物竞天择的作用下，飞鱼练就了一身"飞行"的本领。飞鱼可离开水面高达8~10米，滑翔距离最远可达200米以上。有的还会飞到舰船甲板上。

说飞鱼实际是滑翔而不是飞，是因为在它宽大的胸鳍基部没有运动的肌肉，所以胸鳍展开时不能扇动，而只能靠风力作用滑翔。

飞鱼的肉结实鲜美，是一种优良的经济鱼类，捕捞飞鱼是雅美人最重要的生产活动。由于祖先留下的一些传统，雅美人对飞鱼也有很多禁忌。如在开捕的头一个月里，所有男人都集体睡在会所里，不准回家跟老婆睡觉。人们任何时候，都不准用水枪射鱼，也不准钓鱼，或用石头掷向海里，更不能在海边杀飞鱼或用火烤食。在飞鱼祭日，妇女尽管打扮得很漂亮，但只能在远处观望，不准靠近祭祀活动。只有当渔船出海回来时，她们才能去帮忙卸鱼。在搬运中飞鱼不得掉在地上，掉了的也不能拣回去。捕到的鱼要平均分配。

这就是兰屿岛上雅美人带有神奇色彩的生活。

稀世珍宝盛产地龟山岛

我国台湾省北部宜兰附近，有个不足1平方千米的小岛，人们称它为龟山岛，因为远远看去，小岛就像只海龟在海中游动。

别看岛小，它的四周海底却盛产珍贵的红珊瑚。1980年从这个岛附近海底采到的一株桃红色的红珊瑚，它有5个主枝干，高125厘米，重75千克，是世界上的"珊瑚王"。目前陈列在台北市林森北路的一家珊瑚公司里，标价500万美元。据海洋专家们鉴定，这株红珊瑚最少生长2万年了，所以它成了世界上的"稀世珍宝"。

红珊瑚因其稀少、质地密而坚硬、滑润晶莹、造型别致、色泽美丽而享誉古今中外。它除有明目、安神、镇惊的药用价值外，还能作为高雅的装饰品。艺高的雕刻家能顺它的天然造型，刻出龙、凤等图案，使其具有中国民族风格。红珊瑚具质朴之美，可与金、银、珍珠、翡翠相媲美，价格极为昂贵，被称为"珠宝珊瑚"。

珠宝珊瑚有粉红色的、红色的、白色的，还有墨绿色的。但红珊瑚和粉红珊瑚价格最高，且年年上涨。红珊瑚为欧美人所钟爱，粉红珊瑚因其代表着吉祥如意而被中国人珍视。

红珊瑚属于非造礁的八放珊瑚，主要分布在地中海和北太平洋部分海域。在地中海，它生活在水深5～300米范围内。在北太平洋有两个繁殖深度，即2～500米和1000～15000米。在海隆、海山、缓坡和有水流通过的无沉积物的台地上，红珊瑚生长发育得特别好。最适宜的温度是9℃～18℃。我国台湾的龟岛就具备这些自然条件，因此那里的红珊瑚多而且长得高大。

红珊瑚种类少，生长缓慢，加上它的价格昂贵，因此往往采集的人多，资源锐减，所以它更需要保护。日本和美国对产红珊瑚的海域都采取保护措施，或封海或轮流采集，并研究出人工繁殖的科学办法。

墨绿色透明的黑珊瑚也是很名贵的，被誉为"墨绿色的宝石"。黑珊瑚产于加勒比海和印度洋，太平洋某些地区也有，其中古巴和尼加拉瓜是黑珊瑚饰品的重要产地。黑珊瑚也是珍稀珊瑚。1995年古巴政府宣布禁止掠夺性地采集黑珊瑚，每年采集量不得超过300千克。古巴有一批海洋科学家专门研究黑珊瑚繁殖、生存和保护的科学办法，以达到使黑珊瑚长盛不衰的目的。

珊瑚不仅是装饰品，还具有重要的医用价值。李时珍的《本草纲目》记载红珊瑚有明目、安神、镇惊的功效，前面我们也提到过了。这里值得一提的是，近年来发现珊瑚骨与人骨的骨质十分接近，因此珊瑚的骨骼可以取代人骨成为修复人骨的材料，这是一个重大发现。

目前，世界上有20多个国家的

医学工作者从事珊瑚骨骼应用方面的研究，使珊瑚骨能用于骨科、矫形外科、颅骨颌骨外科、美容外科、口腔外科等医学领域。法国在这方面已取得了显著的科研成果和经济效益。他们从新喀里多尼亚进口一种名为"鲨鱼脑"的石珊瑚，制成一种能够被吸收融合的接骨材料，促使新骨骼再生，避免第二次手术。法国一家研究所正在研究利用珊瑚骨代替金属制造假肢。

美国在这方面处于领先地位。医生们采用普通珊瑚骨代替人骨。因珊瑚骨衔接处横截面呈多孔状，可使人骨的新生血管和骨骼伸入珊瑚细孔中，再与另一端人骨连接在一起，于是一根再造骨便成型了。

最近英国医生为一位5岁的女童成功地植入了一个珊瑚骨制成的假眼。这是医学上利用珊瑚骨作材料医治创伤的一个创举。这个女童的左眼球是被别的孩子用碎瓷片击伤后摘除的。医生认为，利用多孔珊瑚骨做假眼一方面可使患者美观，另一方面可使患者眼窝中残余的小血管在珊瑚缝隙内继续生长，能防止眼窝萎缩，从而为以后植入捐献的眼球提供条件。这位女童植入珊瑚左眼后，可与真眼同时运动，外观与真眼相差无几。

除以上这些之外，科学家和医务工作者还发现珊瑚中的红珊瑚、柳珊瑚的有机组织中的活性物医学价值很高，可提取抗癌、抗肿瘤、治疗心血管疾病等的新药。可以预言，海洋中的珊瑚是一个巨大的新药库。

毒蛇聚会教堂的岛屿

欧洲希腊南部地中海内有个小岛，叫西法罗尼亚岛。小岛方圆几十平方千米，有大山、河流，也有大片树林，是个风景很美的海岛。

在这个岛上，有件非常稀奇古怪的事情吸引着一些地理学家和生物学家。每年8月6～15日，数以千计的毒蛇从山崖树洞里爬出来，纷纷往岛上两座教堂爬去。它们盘在那里，逗留约10天左右，然后离去。第二年同样的时间又会再来集会，成了自然界一奇。

毒蛇为什么会定期到教堂集会呢？而且这数以千计的毒蛇，在这段日子里格外温顺，怎么玩弄它也不会咬人。

更奇妙的是，8月15日是纪念圣女的节日，8月6日又是希腊人纪念上帝的日子，而这些毒蛇却偏偏在这些日子来教堂集会！

岛上居民对这种现象有一种解释，说许多年前，一群海盗劫掠西法罗尼亚岛，把岛上24名修女关押了起来。这些修女手无寸铁，无力抵抗，只得任凭海盗侮辱。圣母得知这一情况，就把24名修女变成了蛇，等海盗再来时，修女院里空无一人，只有24条蛇。从此，每年8月6～15日，毒蛇就必然来临。

当然这只是一种民间传说，不是科学的解释。许多科学家对这种现象有些不信，都借着旅游来到这个岛上看个虚实。每年一到8月6日，岛上就像中国人过春节赶庙会似的，岛上的居民都喜洋洋地赶到这两座教堂前，观看教堂钟声响时蛇从四面八方爬向教堂的奇特场面。

许多居民还把毒蛇出现的数目与对上帝的虔诚联系起来。毒蛇多了，就表示上帝知道他们的虔诚之心，就能带来庄稼的丰收，就会风调雨顺灾害少。毒蛇少了，则表明他们的诚意还不够，上帝会惩罚他们，灾害少不了。

有些居民，尤其是妇女，认为毒蛇有驱邪治病的神力，都要伸手去摸去抓毒蛇。有位妇女告诉记者："我一直为神经官能症所苦恼，没有找到特效药。但是怪得很，一当我碰上毒蛇时，立即就会舒服起来。"

一些妇女平时怕蛇，可是到了这些日子，她们胆子也大了，竟把蛇放到自己臂上，让蛇盘在自己头上，还眉开眼笑地说："蛇在给我治病哪！"

这件事传到几位动物学家耳朵里，他们经过充分准备，赶在8月6～15日这段时间，专程来到西法罗尼亚岛。

8月6日那天早晨，动物学家戴维和梅森作了分工，一个在教堂左前侧，一个在右前侧，站在高坡上观察。当上午8点教堂钟声敲响大约半个小时后，有4条蛇先向教堂游来。两位动物学家立即在这4条蛇的七寸上，各套上一只红色橡皮圈，作了一个特殊醒目的标记。

约莫10分钟之后，在这4条领头

蛇经过的路上游来上百条蛇，接着越来越多，都向教堂而去。半天之后，游进教堂的蛇争先恐后地追逐那4条领头蛇，很快形成许多蛇团。这些蛇互相缠绕在一起，时而张开血红大嘴翻着灵巧曲卷的舌头，时而借助另一条蛇的背脊摩擦自己的下巴，心急火燎地来回游动，企图靠上领头的蛇。

两位动物学家看到这种情景，便捉住一条套有红橡皮圈的领头蛇，仔细查看，发现是雌性的。接着又把另外3条领头蛇也捉来细细检查，也是雌性的。

教堂神父问这两位动物学家："找到谜底了吗？"

两位动物学家笑笑说："我看不会是上帝和修女的降临吧！"接着他们告诉神父："毒蛇来到你的教堂，是谈情说爱。8月6～15日是它们求爱婚庆的日子。"

原来雌蛇一出洞，在它经过的地方会留下一种特殊的气味，雄蛇对此种气味格外敏感，立即会成群结队追踪而来。教堂里的那些蛇团、蛇球，实际是蛇类繁殖球，每年就这一次，因此雄蛇都心急火燎地追缠雌蛇，互相争风吃醋，雄蛇在雌蛇跟前游来舞去，争得雌蛇的欢心。因此，毒蛇集会之谜，实际是一幅壮观奇特的生态图。

对动物学家的解释，神父有些不信。觉得雌蛇哪会有如此的诱惑力呢？

两位动物学家当场给神父做了试验。他们从雌蛇身上提取一种信息素，再按分子量的大小，分离出21种不同的化学成分。他们把这些不同的成分又配成化合物，其中有6种是关键成分，这种合成素就成了一种引诱雄蛇的信息素。

动物学家对神父说："利用这种信息素，就可以把雄蛇吸引过来。"

神父半信半疑地说："有这么神吗？"

两位动物学家把这种人工合成的信息素滴在一张纸片上，放到教堂中间空地上。只过了3分钟，附近的毒蛇昂起头朝纸的方向愣了一会儿，立即兴奋起来，向纸片方向争先恐后地游来。神父不由点头说："你们的科学方法揭开了我心中多年的谜团啊！"神父接着又问："是不是每个繁殖团里都有一条雌蛇呢？"

动物学家点头说："应该如此！"神父还是有些半信半疑，他亲自动手把蛇群追逐不放的一条红侧带蛇抓了来，要动物学家看看，到底是雄还是雌。

动物学家一检查，发现这条特别的红侧带蛇并不是雌的，而是雄的。这一下引起动物学家极大兴趣，为什么这条雄蛇也会引起蛇群追缠呢？动物学家开始对红侧带蛇进行研究。

经过化学分析，发现这种红侧带蛇身上的化合物同雄蛇基本相同，就缺一种三十碳六烯成分。动物学家用人工合成的三十碳六烯涂在一块石间，放在雄蛇周围，结果雄蛇不但不理它，而且都离它而去。可见，三十碳六烯是雄蛇跟雌蛇的主要区别物质。红侧带雄蛇偏偏缺这种物质，因此它就有条件伪装雌蛇，能吸引其他雄蛇群体。

是不是这种"伪雌"雄蛇没有雄性功能呢？不是的，动物学家经过详细观察发现，它同样有交配能力，而且它这种伪装术对它接近雌蛇有利，使它更有机会靠拢雌蛇得到宝贵的交配时间。动物学家还发现，这种"伪雌"蛇的"婚配"成功率是其他雄蛇"婚配"成功率的2倍。

西法罗尼亚岛上的毒蛇在8月6～15日集会的谜底被解开了。但是，毒蛇为什么偏偏要游向教堂呢？

几十平方千米的岛，有山有树，为什么偏偏看中教堂，为什么教堂钟声一响，蛇就出洞游向教堂？

根据梅森和戴维的分析，这与教堂的地理位置和教堂的钟声有关。可能在毒蛇繁殖求偶季节，教堂钟声产生一种特殊声波，这种声波对蛇有刺激，而雌蛇尤为敏感。也许是地球引力或者是地热等因素，造成每年8月6～15日教堂跟平时有所不同，产生对蛇的特殊诱惑力。到底哪种因素起主导作用，两位动物学家无法肯定回答，只能将难题留给别的科学家。

两位动物学家给神父留下了深刻印象，在他们离开的那天夜里，神父恋恋不舍，一个劲儿要他俩讲讲蛇的有关趣闻。两位专家跑的地方多，见识广，稀奇古怪的动物趣闻也听得多，于是给神父讲起了蛇的故事。

第二次世界大战中，美国有位

动物学家，叫卡马洛夫。他在美国一座高山上，建起一个秘密的"蛇兵营地"，养了上千条眼镜蛇，并训练这些"蛇兵"作战。

卡马洛夫研究出两种特殊药物，一种叫"驯服剂"，一种叫"兴奋剂"。他只要把驯服剂混在饲料中，让蛇吃下，这些眼镜蛇就百依百顺地听他指挥，他能叫蛇集合、偷袭，做打斗的各种姿势。

一次，罗斯福总统命令卡马洛夫教授的"蛇兵团"去作战，要它们完成一些前线战场上的特殊任务。教授到了前线后，在蛇身上喷洒两种药剂制成的混合剂，蛇的情绪激奋、斗志昂扬，只要卡马洛夫的指挥棒一挥，千百条蛇就会冲向敌人阵地，在那里横冲直撞，使敌人心惊肉跳，弃枪而逃。这时盟军就趁机冲进敌阵，取得胜利容易得多了。

卡马洛夫的"蛇兵团"，还完成了一些特殊侦察任务。他在这些"蛇兵"脖子上，套上多种特殊、精巧的装置：窃听器、情报器、顺从器、收发器和小炸弹。有一次"蛇兵"钻进敌指挥部帐篷的角落里，敌人在研究坦克群作战的路线。结果蛇身上的窃听器将敌人的声音传了回来，美国准

备了50架轰炸机，时间一到就把敌坦克群消灭掉了。

"蛇兵"要是"叛变"怎么办？卡马洛夫也有办法制服。必要时，卡马洛夫可利用蛇身上的顺从器发出信号，这样，一颗灵巧的小炸弹立即就会爆炸，蛇当即就会死亡。

"蛇兵"身子小，灵活，人过不去的地方，它都能从草丛中、石缝里钻过去，敌人很难发现。蛇爬到跟前时，人们又会惊慌失措，防不胜防。"蛇兵"是世界上最先进的特种兵。

第二次世界大战结束后，美国总统亲自给卡马洛夫授勋，称他为"蛇兵元帅"，授"特级功勋"，晋升为少将。

戴维还讲了其他许多蛇的故事。他在南极考察时，拣来一根紫色手杖，他把它带进帐篷放在枕边，晚上他工作回来时，发现那根紫色手杖正在床上蠕动，原来它是一条蛇呀！蛇在冰天雪地里冻僵了，像根手杖；到了帐篷里，体温升高了，它也就苏醒了。

神父听得入迷，第二天亲自把动物学家送上车。临别时，神父说："西法罗尼亚岛欢迎你们再来！"

黄金果产地塞舌尔群岛

塞舌尔群岛在印度洋的西部，位于坦桑尼亚与印度尼西亚之间的航线上，东北面是马尔代夫群岛，东面是查戈斯群岛。塞舌尔群岛中的马埃岛是政府所在地。这里出产一种黄金坚果。传说这种坚果壳内的水能够中和各种毒素，是世界上最好的解毒药物，也是预防各种疾病的万灵药。

岛上有这样一个古老而真实的传说。16世纪前，欧洲人从来就没有见过这种坚果树。16世纪，葡萄牙航海家们把这种神秘的果子带到了欧洲，说它是一种能治百病的灵丹妙药，并且传得神乎其神。这个消息传到德国皇帝的耳朵里，他很想长生不老，便千方百计想弄到这种坚果，提出愿意出4000盾（约相当于120千克的黄金）来换取一碗这种坚果的果汁。但葡萄牙人仍然不肯出售这种神奇的果子。

为什么说这种传说是历史事实呢？因为今天在伦敦、维也纳、德累斯顿的博物馆里，都展出了当年盛这种坚果果汁的容器，这些容器都相当华贵精致，全是金银制作的。

从那时起，这种奇特的坚果树一直是人们寻找的一种植物。

在欧洲，一些国家把寻找这种树比做寻找黄金矿。英国曾派出许多探险家到世界各地的海岛上寻找这种树苗或果实，企望能运回国内种植。

1609年，英国一支探险队到了非洲，听人说这种黄金坚果产在塞舌尔群岛，于是马上来到群岛。可是他们寻找了很长时间，一只果子也没有见到，更不用说见到这种果树了。原来，他们未能到普拉兰和马埃这两个岛上去，而这种黄金果偏偏只有这两个岛上才有。

1768年欧洲探险家又出发寻找这种黄金坚果，他们再次来到塞舌尔群岛，终于在一种棕榈科的树体上发现了尚未成熟的坚果（后来被命名为"海椰子"）。

这些探险家在塞舌尔群岛上收购这种果子，贩运到欧洲，在黑市上高价出售，最便宜也要2～3千克黄金换一碗果汁，因此有人发了大财。

黄金坚果是不是能解百毒、治百病的灵丹妙药呢？当然不可能。但它的确对人体健康有益，是一种珍贵稀少的树种。海椰子树的果子结得很少，但也不至于昂贵到120千克黄金换不到一碗果汁的程度。

目前，塞舌尔政府非常重视海椰子树的开发，把它当成国宝。因为全世界唯有塞舌尔生有这种树。据说在普拉兰岛有个植物园，18公顷的植物

中，海椰子树就有4000多株。这种树相当高大，树干高达31米，每片树叶长达7米，一片就能盖一间房顶。但每棵树一年只能生长3～4片叶子。海椰子树的果子相当大，每个长达75厘米，重达9～13千克。果实呈绿色，含有甜味油汁，成熟时果壳坚硬，几乎像象牙一样结实。据说，30年以上树龄的树才能结果。

这种被誉为黄金坚果的海椰子树是世界上最稀有的树种。政府为了控制这种树种的外流，规定严禁出口这种植物和果实，只准出口果汁。物少为贵，它至今仍然是世界上最昂贵的果实之一。许多旅游家和文学家至今还是把"海椰子"称为"黄金果"。

鳄鱼的王国

在孟加拉湾，有个很不起眼的小岛，叫兰里岛，是缅甸的领土。这个小岛布满沼泽地，是一个鳄鱼的王国。

1945年2月，太平洋战争已进入尾声。有一天，在孟加拉湾的兰里岛，英军包围了一支侵略缅甸的日军，约有千把人。日军在陆上走投无路的情况下，企图从海上突围。

英军得知日军的企图后，立即派军舰封锁海面，日军多次偷渡都告失败。1000多日军无可奈何，被挤到一片齐腰深的沼泽地带动弹不得。

这一片沼泽地是鳄鱼的巢穴。白天在英军猛烈炮火袭击下，这些鳄鱼都藏在水下。到了夜间，炮火停止了，沼泽地安静下来，潮水又刚退下去，躲在水下的鳄鱼张开了大嘴，露出锋利牙齿，倾巢出动，向企图爬到岸上寻食休息的日军发起攻击。

这些鳄鱼在水面上东游西窜，无数发光的眼睛时隐时现，令人毛骨悚然。顿时，沼泽地上爆发出一片呼救声、咒骂声、号啕声和惨叫声，并夹杂着一阵阵水上搏击声、开枪射击声。10多分钟过后，在水中的士兵被鳄鱼咬得七零八落，幸存的只有20余人。侥幸活下来的日军急忙用棍子和皮带、水壶带、系饭盒的链子等捆扎木棍、树枝。在露出水面的土埂上搭起1米多高的八脚架子。他们站在架子顶上，用木棍和枪托驱赶鳄鱼。可是凶残无比的鳄鱼多日在枪炮威迫下没有寻到食物，这次好不容易赶上"大会餐"，不吃过瘾是决不会离开的！它们成群结队地包围了八脚架，不断地向木架子上爬。日本兵叫喊着，拼尽全力跟爬上架子的鳄鱼搏斗。

日军的领队军官叫山本太郎，他

猛想起当地有人说过："当你遇到鳄鱼时，千万别跑，最好的防身方法，是让它们自己互相打起来。"于是山本太郎顺手从架子下抓住一条鳄鱼的尾巴，把鳄鱼倒提起来，猛烈地抖动，然后把它的头塞进旁边一条鳄鱼的血盆大嘴里。这条鳄鱼被激怒了，大嘴一闭，咬住了倒挂着的鳄鱼的头部。山本太郎把手一松，两条鳄鱼就厮打起来。它们格斗时，东咬一口，西咬一口，又伤着了周围许多鳄鱼。这下鳄鱼群就像疯了，互相攻击起来，撕扯着、乱叫着，混战一场，把八脚架上的20多个日军忘掉了。

这场混战一直持续到天亮，幸存的20名日军才得以死里逃生。英军赶到现场一看，都惊呆了，没有想到鳄鱼参战，帮了他们大忙，把日军都歼灭了。

这个真实故事说明了两点：第一，兰里岛鳄鱼之多，一夜之间千把人的日军队伍只剩下20余人，数百人成了鳄鱼的"点心"；第二，说明鳄鱼是一种凶残的水中动物。

马来西亚一带是鳄鱼繁殖、栖息的好地方，这里的鳄被称为马来鳄。印度洋孟加拉湾是世界上鳄鱼较多的地方，这里的鳄鱼吼叫起来像是轰轰的雷声，因此古人称它为"忽雷"。

"鳄鱼的眼泪"被人认为是假慈悲的象征。其实，它是在用眼睛里的腺体排除体内多余的盐分，那眼泪是浓缩了的盐水。这样鳄鱼就不怕在海水里活动了。

鳄鱼的嘴令人生畏，一口尖利的锯齿般的牙齿，即使闭住嘴也还有一对露在唇外，张开嘴来像个大粪箕。两个鼻孔长在上颚的最前端。鳄鱼是

用肺呼吸的；吸一口气闭死鼻孔可以潜入水底呆很长的时间。鳄鱼的身躯是深褐黄色的，厚皮上覆着角质鳞。四条粗壮的短腿，前肢长着五趾，后肢少一趾，每个趾上长着弯弯的趾爪。身后拖着一条笨重的尾巴，当鳄鱼在沼泽滩上爬行时，这条尾巴却灵活地左右摆动，支持着身躯向前滑去。别看它笨里笨气，可进攻时却非常敏捷。无论是人或牲畜，只要靠近它时，就会受到袭击，就连水边洗衣的妇女、玩耍的孩子，以及行船时坐在舷帮上的人，它都会攻击。兰里岛上的那群日本兵被它们包围撕成肉片就是最好的证明。

马来鳄身躯庞大，长6米左右，数百斤重。它是卵生爬行动物，生殖期间上岸产卵，每年约产卵20～70枚，孵化期为45～60天。鳄鱼皮可制革，其他经济价值不大。

鳄鱼长得丑陋，相貌可怕，又很残忍，因此人们一见它就要把它打死。近些年来鳄鱼的皮非常值钱，捕杀它的人就更多了。这样一来全世界的鳄鱼数量大大减少，孟加拉湾各国的马来鳄也濒临绝种。

在这种情况下，动物学家开始研究人工繁殖、饲养鳄鱼，现在已完全做到了。

泰国有位卓有远见的鳄鱼商人叫杨海泉。在鳄鱼收购量年年锐减的情况下，他兴办了养鳄场来获取鳄鱼皮。他在480亩的水池里，养了2万多条鳄鱼。母鳄每年在池边干地产卵20～40枚，孵化60天后幼鳄出壳。母鳄背着它们入水觅食，幼鳄长到2尺多长便可离开母鳄开始独立生活，再过2～3年就可取皮了。

兰里岛也是养鳄最理想的地方。据说世界上已有三四个国家开始兴办鳄鱼养殖场，其经济价值极为可观。

科雷吉多尔岛

科雷吉多尔岛位于菲律宾马尼拉湾口的万顷波涛中，据江海之口，扼水陆要冲，是马尼拉湾的咽喉重镇。此岛方圆只有8万平方千米，可是在第二次世界大战中，据说平均每寸土地上落有两发炮弹或炸弹，每寸土地上都浸透着鲜血。不过昔日厮杀的战场今日已变成了旅游胜地。

科雷吉多尔岛历史上就是兵家必争之地。早在19世纪，西班牙殖民主义者就看中这块地盘，在这里设防，凡是进出海湾的船只都必须在此验证。"科雷吉多尔"这个名字西班牙语的意思是"校验者"。岛上铸有3门射程为2千米的250毫米大炮。1898年岛上防线被美国海军攻破，西班牙人全军覆灭。20世纪初，美国人耗资1.5亿美元，在这个岛上兴建了要塞米尔斯堡。岛上修建了兵营、医院、冷饮厂、电影院和

教堂。美军在这个小岛上构筑了坚固的钢筋混凝土炮台和23个炮兵阵地。巨大粗壮的海岸炮口径达300毫米，能击中28千米外的目标。12门迫击炮能向任何方向实施曲射，射程达重3千米。1922～1932年的10年间，又耗资在岛上开掘纵横交错的地道网，一直通进岛中马利塔山的底下。主坑道282米长，7.6米宽，开始只当做炮库用，后来在第二次世界大战期间空袭严重时，成了有1000个床位的地下医院和麦克阿瑟将军的指挥所。1941年圣诞节时，连菲律宾的总统奎森也躲到了这里。

1941年日军长驱直入，想从水路攻下马尼拉，因此把科雷吉多尔岛看成眼中钉，在发动的第一次空袭中，一下子投下60吨炸弹，几乎使这个岛的地皮翻了一层。接着又连续9天进行轰炸，又倒下数以万计的炸弹，差

不多每20平方米就有一个大弹坑，小岛被炸成了蜂窝状。

1942年2月5日，日军炮兵从东南方向这座要塞进行猛烈炮击。美军进行了还击，企图阻止日军沿巴丹半岛南侵，但没有成功。4月9日巴丹半岛失守。日军在巴丹和甲米地的重炮组成交叉火力，集中向科雷吉多尔岛袭击。双方展开了一连27天的炮战。

5月2日，一发240毫米的炮弹命中美军的弹药库，一声巨响，石破天惊，炮台上的8门大炮顿时变成一堆横七竖八的废铁。

日军趁机进行密集炮击。单是5月4日这一天，就落下16000发炮弹。5月5日，一支2000人的日军开始登陆强攻。美军进行反击，日军死伤一半，血水染遍了海岸滩涂。5月6日，日军在坦克、飞机的掩护下，轮番攻击，终于突破了美军防线。美军在

地下室里不得不宣布向日军投降，从此，这个小小的海岛落入日军之手。

日本强盗的侵略战争不得人心，处处受到东南亚人民的抗击。到了1944年，日本在太平洋战争中的优势丧尽，已非前3年的日本了。麦克阿瑟又率军直扑菲律宾，连下数城，直逼马尼拉湾。

1945年1月23日，盟军飞机开始轰炸科雷吉多尔岛，在1个月内就投下3128吨炸弹。小小海岛要塞内有6000名日军，美军集中轰炸机和舰炮，日夜不停地轰炸、炮击。2月16日，美军503空降团神兵天降，突然间占领了科雷吉多尔岛南部，这使日军大吃一惊，十分恐慌。503团首先夺取了岛上制高点，站稳脚跟后，登陆部队即直扑海滩。

日军面对美军强敌，却不像3年前美军那样投降，而是困兽犹斗，一次次以武士道精神进行自杀性反扑。2月16日夜间，日军孤注一掷，组织神风敢死队从马利塔山坑道出击。但美军早已封住了他们的出口，日军一冲出来就遭美军暴风雨般的机枪子弹和冰雹似的手榴弹的袭击。盟军士兵英勇地苦战8昼夜，击退了日军敢死队的拼死冲锋。

坑道内的日军已看到只有死路一条，但长官极力阻止士兵投降，于是坑道内不断发生集体自杀，爆炸声此起彼伏，接着坑道出现了塌方。在这种情况下，日军还不投降。美军恼火了，向坑道内灌汽油，把口子炸塌，这座地下城成了侵略日军的集体坟墓。日军6千人中只活了26人，盟军阵亡225人。

50年过去了，如今科雷吉多尔岛再也不是当年血肉横飞、硝烟滚滚的战场了。岛上填平了所有弹坑，栽上了各种各样的树，整个海岛已变得郁郁葱葱、四季如春了。

成千上万的游客到这个小岛，并不是观赏景色，而是凭吊第二次世界大战的战场，追忆那些难忘的岁月。人们徘徊在昔日的炮台上，抚摸着历经烟熏火燎的巨炮，拣几颗锈迹斑斑的弹壳，追思那些为反侵略战争而阵亡的勇士，向英灵表示崇高的敬意。现在，在弹痕累累的炮台和昔日盟国守军司令部的废墟中，耸立着为盟军战士树立的"太平洋战争纪念碑"。

红蟹国

圣诞岛坐落在印度洋爪哇岛南360千米处，是澳大利亚领土。岛上是热带气候，有2000多居民，其中有华人、马来人和欧洲人。据说岛上有1.2亿只红蟹，每年都有一次壮观的生殖迁移。这个岛被称为红蟹国。圣诞岛四周全是虎岩豹石，悬崖像阶梯一样向岛心隆起，而后形成一个高出海面200米的宽阔平原。全岛面积135平方千米，雨林覆盖3/4，气候相当湿润。岛上主要产业是磷矿业。

圣诞岛是世界上最大的海鸟栖息地之一，有8种海鸟在此繁殖。然而，这个岛上真正的特产是红蟹。据说陆蟹在这个岛上有15种，其中包括椰子蟹——世界最大的陆蟹。这些蟹大的每只有3千克重，小的红蟹数以万计，全部加起来，据说有8千吨。

每年雨季到来时，红蟹要从森林迁移到海边生殖。届时红蟹组成的"红潮"漫过陆地，从高台到海滩，到处是红蟹。你如果到那里去旅游，就会感到无处落脚。这些小红蟹是雨季中的清道夫，在迁移途中它们还忙着吃落叶、落果和凋谢的花朵，红蟹过后，森林的地面上总是像被人扫过一样干净。

红蟹主要以食草为主，但也食蜗牛和鸟的尸体，饿时连冒烟的烟头都吃。科学家认为红蟹对维持岛上的生态平衡发挥了很大作用。把植物的落叶分解掉，使养料和盐分重新再加入到营养循环中去。

红蟹从雨林带到海边，路途上约需要9～18天。红蟹要穿过居民区，横跨铁路，到海边悬崖绝壁之后还要落到海滩上，通过每道险关时，都有大批的牺牲者。

红蟹穿越居民区时乱爬乱钻，人们在窗台上、卧室里，甚至蚊帐里、枕头边都可以发现红蟹。因为它壳硬、体小、肉少、味道又不鲜美，因而人们发现后多数将其打死。

夏天岛上很热，岛上运磷矿的铁路烫得能煮熟鸡蛋。加上铁轨相当光滑，红蟹要翻越铁轨，实属不易，滑落数十次才能成功。弄到筋疲力尽时，往往已经被烈日晒得半死不活，有的还会被火车压死。据说科学家作过统计，单过这两关就要死亡10多万只。但这不会影响红蟹繁殖后代，因为在途中死亡的仅占岛上红蟹的百分之一，可谓微不足道。

红蟹的生殖很具神秘色彩。它们的产卵迁移跟月亮周期有关。科学家发现红蟹卵孵出幼蟹的日子，肯定是在下弦月的三天中。

从山中向大海边迁移时，大个头的雄蟹在前面开路，接着便是庞大的雌蟹队伍，小蟹和幼蟹在最后。前面的大雄蟹壳足有100毫米宽。过关斩将的大雄蟹一般5～7天能到达大海边，一天之后，雌蟹和小蟹、幼蟹才陆续到达。红蟹一到海滩便首先迅速补充在艰苦跋涉中失掉的水分和盐分。它们躺在潮湿的沙滩上，或将身体浸在退潮后留下的水洼中，用身体基部的毛孔来汲取海水，有的还优雅地用大螯往嘴里舀水喝。

雄蟹工作相当繁重，它们喝足吃饱之后，立即退到海滨台地争夺地盘建造洞穴，为雌蟹生儿育女做产房。

这时争夺地盘的"械斗"不断发生，造成的伤亡比路途中还要多。一个个洞穴构造好后，大批的雌蟹才姗姗而来。雄蟹把雌蟹领入"新房"，便开始了短暂的"洞房之夜"。这之后雄蟹便离开洞穴到海边汲足水，又开始了返回雨林地带的艰苦旅程。

留下的雌蟹在洞中也不轻松，它们要等待受精卵发育成幼蟹。在雌蟹腹部与胸脯之间膨胀的卵巢袋中，有几千只受精卵。12天后，雌蟹离开洞穴，向海岸爬去。它们喜欢一起挤在阴凉处，不足一平方米的地方常常挤着上百只雌蟹。这时，这些雌蟹会集体发出一种奇怪的声响，像饥饿的小鸡无力地鸣泣，令人听后感到凄凄惨惨。

在涨潮的夜间，这些雌蟹爬到海边，身体躺在水边，急促而紧张地摇动身体，伸直腹部，使劲将卵弄破，让幼体爬出来。在这个时候，有许多雌蟹被海浪卷走，也有些从崖上落下而跌得粉身碎骨。活着的，产完仔后就到水中清洗孵卵袋，汲足水分，又踏上了4～7天的漫长归途。

雌蟹离开海边后，海边那一片片云雾状的东西，就是红蟹的幼体。经过25天左右，海水中的幼体会向海边靠拢。此时的红蟹幼体根本不像蟹。当幼蟹长到5毫米宽时，便离开大海涌向陆地。于是，成千上万的新一代小红蟹出现在圣诞岛上。

企鹅的天堂

南极大陆周围的许多岛屿都是企鹅生活的天堂。一些中国科学家到南极普里兹湾澳大利亚戴维斯站对面的卫士岛上考察，所闻所见很是有趣。

卫士岛很小，只有0.7平方千米，岛最高处海拔只有47米。冬季冰天雪地，到了夏季，岛上到处是石缝。海滩上有黑色石头，这些石头怪得很，冬天冰雪再大也盖不住它，总要探头露脸。海湾里一碧清水，黑色山丘绵延起伏，跟温带的冬天差不多。中国考察队乘小艇登上岛时，岛上已经没有积雪，只在岸边还有冰雪。他们见到的是穿黑色背心晃来晃去的成千上万只企鹅。

企鹅一见到东方黄皮肤的中国人，先是惊骇，然后就挥动黑色翅膀，奔走相告，发出了一片"哇哇"的欢呼声。

澳大利亚主人介绍，生活在岛上的企鹅全部是阿德雷企鹅。它们的身体比其他企鹅小，但它们跟其他企鹅一样，到了冬季都要到南极凉冰区去越冬。直到第二年的夏季10月中旬才返回卫士岛。

企鹅的繁殖很有意思。由雌企鹅下蛋，由雄企鹅来孵化。雌企鹅远走高飞，到海边觅食去了，雄企鹅当起了"母亲"，不吃不喝，完全靠冬天贮存在体内的营养度日。等小企鹅出世了，雄"妈妈"已精疲力竭。这时雌企鹅回来接替丈夫，担负起哺育小企鹅的天职。

这时雄企鹅又远走高飞，到海边觅食，千方百计补充营养。小企鹅一天天长大了，食量不断增加，雌企鹅单枪匹马供不上食物，就把小企鹅送到"幼儿园"过集体生活。此时雄企鹅回来了，夫妻双双到海边寻找食物，然后来喂养自己的子女。可见企鹅生活十分艰辛。

中国考察队员登岸后，踩着砾石走到山顶。只见海滩和高坡上，到处是小企鹅，这就是企鹅的"幼儿园"。

雄企鹅求爱也很有意思。它要用嘴衔着小石子，送到自己看中的雌企鹅脚边，提心吊胆地看雌企鹅的脸色。雌企鹅却矜持地不表态，这样雄企鹅就要反复多次地寻石子，表明自己的忠贞，直到雌企鹅呱呱一声叫，雄企鹅才挺胸展翅，随声附和，一对企鹅便开始组织家庭。如果恰好有两只雄企鹅看中同一只雌的，就会发生一场恶斗，直到败者退出情场，胜者再向雌企鹅求婚。

企鹅总是用石子做窝，在一望无垠的雪原上寻找石子真是不容易，可是为了满足"新娘子"的要求和显示自己的劳动本领，雄企鹅尽心尽力地做着这一工作。窝做好后，为了不被偷窃，雄、雌企鹅会轮流守护。

考察队员们见到一群群、一簇簇的小企鹅时，有点感到吃惊。因为此刻的小企鹅跟他们想象中的不一样，那模样跟父母完全不同。没有白围脖、黑大衣，没有绅士风度。小企鹅全身披着毛茸茸的灰色细毛，海风一吹，这些细绒毛乱舞。小企鹅一见到生人，恐惧地叫着往后退。看管它们的大企鹅"阿姨"马上会百倍警惕，一边把小企鹅驱赶到一块儿，一边伸长脖子，怒目冷对，向考察队员发起攻击，用嘴啄，用翅膀拍击，不让陌生人靠近它们的"宝贝"。

可是，当它们转过身来，面对幼小的企鹅时，却百般温柔。有些大企鹅回来喂自己的子女，小企鹅把父母围住，一个劲撒娇，用小嘴拱大企鹅，让大企鹅把食物从嘴里吐出来。

喂了之后，尤嫌不足，继续缠着父母，大企鹅被缠得没法，只好又从嘴里吐几口。实在吐光了，大企鹅就只好逃走，小企鹅就在后面追。实在太顽皮了，大企鹅就用大翅膀轻轻拍打几下，表示对贪得无厌的反感。

企鹅的"幼儿园"一般以30只到上百只为一个单位，各自选择一块平坦的山坡。一个"幼儿园"里的小企鹅们在一起嬉戏玩耍，不能离群到别的"幼儿园"去。每个圈子之间都有执法的"警察"。各"幼儿园"的"阿姨"都非常忠于职守，它们一方面要防止贼鸥的袭击，一方面要防止小企鹅走失。直到这些小企鹅绒毛脱净，自己会下海自由捕虾为止。小企鹅长大了，能自食其力了，做父母的大企鹅差不多只只都已筋疲力尽，人们不由得想起那句"可怜天下父母心"的名言。

在小企鹅的集中地，总是满目凄凉。池塘里、山坡上，到处是企鹅的尸骨，空气中也飘动着腥味。一阵风刮来，飞起的白色羽毛就好像空中飞舞的雪花。小企鹅两脚站立的地下，实际并非泥土，而是它们尸体变成的软土。根据科学家的观察和统计，小企鹅在成为大企鹅的过程中，有70％会夭折。因此南极的一些荒岛上，既是企鹅的天堂，又是企鹅的地狱、坟场。

企鹅最可怕的天敌是贼鸥。贼鸥不营巢，也不下海捕鱼，专门干着抢劫鸟巢、掠夺食物的勾当。它们有锐利的嘴，加上脚爪，一旦把企鹅叼住，就迫得企鹅在痛苦中从胃嗉里把鱼吐出来，贼鸥抢着鱼就走了。贼鸥一旦发现企鹅蛋，就会像老鹰抓小鸡一样，把蛋叼走吞下，或者弄得粉碎。就连刚产下的海豹仔，贼鸥发现后，也会猛扑下来，用尖利的嘴、有力的翅膀一阵猛打猛啄，海豹仔就血肉模糊，成了贼鸥的牺牲品。小企鹅的命运也一样，往往刚出壳，贼鸥就看中了，突然钻过来把小企鹅叼走，三五下就把小企鹅啄死了。屠杀撕裂他物的凶狠，成了贼鸥的本性。

中国考察人员的帽子，也几次被贼鸥叼走，为了安全，大家只好不断挥舞手中的棍棒。

可见，对企鹅来说，卫士岛也并不只是天堂。企鹅的命运已十分坎坷，但愿人类不要再给它们带来灾难！

世界第一大岛

如果把澳大利亚称为大洋洲大陆，那么世界上最大的海岛就是格陵兰岛了。"格陵兰"的含意是"绿色的土地"。可实际上格陵兰岛85%的地面终年是冰封雪盖。它仅次于南极，是世界第二大冰库，冰层平均厚达1500米，最厚地方有3410米。这里冰块有260万立方千米，如果全部融化，可以填满世界最大的陆间海——地中海；如果让它流入海洋，科学家说，全世界的海水要升高6.5米。

格陵兰岛的总面积达217.6万平方千米，相当于西欧面积的总和，比中国台湾岛面积大60倍。岛上生活着5万多居民，绝大部分是因纽特人和北欧人的混血种。90%的人口住在较为温暖的西南沿岸。它有4／5面积在北极圈内。每年10月份，岛上的大部分地区开始进入漫漫长夜，天空中持续5个月见不到太阳，只有月亮和星星。第二年3月才开始出现太阳。从4月到9月，虽然终日可见太阳，但太阳升不高，只在地平线上打转转。因此，格陵兰岛一年中从太阳那里得到的热量很少，岛上一年也见不到一次下雨，可是徐徐飘落的大雪三天两头可见，而且积雪难以融化，越积越厚，底层就成冰了。久而久之，形成了巨大的冰层。

但到夏季，西南沿海一带会出现一片绿色。在这个冰雪的世界里，生活着不少珍稀动物，如北极熊、北极狐、海豹、海象、鲸，还有其他如驯鹿、鳕鱼、沙丁鱼等。

格陵兰岛上的海豹主要有两种。一种叫食蟹海豹，体长3米左右，体重200多千克，以食磷虾为主。食蟹海豹的牙齿上有许多叶形的裂片，当上、下嘴关闭时，就形成了一个筛子，水可以由牙齿间的空隙流出去，而小的磷虾则被留在口中。还有一种是豹海豹，它凶猛残忍，猎食企鹅、海鸟。海豹的经济价值很高，皮可制革，脂肪可炼油，因纽特人就是以海豹为衣着和食物的来源。

在格陵兰岛海域出现的鲸也主要有两种。一种是蓝鲸，它是世界上最大的动物。1904年捕获的一条蓝鲸长33.5米，体重195吨，相当于35头大象的重量，光舌头就有3吨重，一颗心脏重70千克，肺重1500千克，血液总量9吨重。它是"海上大力士"，能拖住800马力的机船，使它开倒车，还能以每小时8～14千米的速度游上几个小时。它的主要食物是磷虾，一天要吃4～5吨。由于滥捕，全世界仅有2000头蓝鲸了。

在格陵兰海域，还生活着一种鲸，叫虎鲸，又叫逆戟鲸。虎鲸的绰号叫"海狼"，它像老虎一样凶猛，又像豺狼一样残忍。虎鲸长着纺锤形的光滑躯干，背上高高翘起一个坚韧的背鳍，穿着黑色大礼服，有的是深灰色。胸腹前露出雪白衬衫，眼睛后方装饰着漂亮的白斑，背鳍后边有一段弯弯的白色区域，那是雄鲸的标志。虎鲸游起来像个温文尔雅的绅士，然而它胃口大得惊人，一头6米多长的虎鲸的胃里，剖开之后竟发现13头海豚，另一只虎鲸竟吞下了14只海豹。虎鲸的主要捕猎对象是海豹、海狗、海象。它们捕猎时爱好集体行动，把猎物围在中间，然后分割穿插，围而歼之。

格陵兰岛海底还盛产沙丁鱼，别看它有点像泥鳅，却是一种延年益寿的保健食品。传说，19世纪德国宰相俾斯麦，不到60岁就苍老多病，臃肿无力，在死神面前挣扎。犹太医师施文林格献给宰相的秘方，就是要他每天吃沙丁鱼。两年之后，宰相病好了，精神焕发，一直活到83岁。

我们之所以要介绍格陵兰岛的动物，主要是为了揭开生活在这个岛上的因纽特人的长寿之谜。因纽特人的寿命仅次于世界长寿岛——日本向岛上的居民，平均寿命在80岁以上。科学家经过多年调查发现，向岛也好，格陵兰岛也好，那里的人都以鱼类为主要食物，尤其是爱吃沙丁鱼。因纽特人主要食品除沙丁鱼之外，就是鲸、海豹肉。鲸、海豹肉和沙丁鱼占他们的食物的80%以上。这些肉类跟猪、牛肉的最大不同点，那就是有丰富的不饱和脂肪，能对人体的心血管起软化作用。这就是格陵兰岛上因纽特人长寿的秘方。

因纽特人生活在冰原上，根本种不了庄稼，主要是靠游猎生活。他们的地位和财产的主要标志，是冰库里一块块冻成石墙似的海豹肉和鲸肉。捕猎海豹和鲸都是十分危险的，但他们代代相传，靠狗拉雪橇、兽皮艇和长矛在冰原和海上狩猎。

发现独角兽的地方

巴芬岛是北极附近的小岛，是加拿大领土。这里是世界上第一个发现独角兽的地方，因此有很多传奇。

在欧洲，很久以前就流传着独角兽的故事，有关它的记载也可追溯到公元前400年。说有人见到过这种兽角，它洁白光滑，呈圆锥形，是被海盗带上大陆的。但当人们问起此角来源时，海盗们却讳莫如深，不肯吐露。因此这长角的动物激起了人们的各种猜想。也有不少人把它描绘得跟中国民间传说的一样，是有着马身、马头、鹿腿、狮尾的一种奇怪混合体。到了中世纪，关于独角兽的种种传说更是披上了神秘色彩。有的文学家在书中把它描绘成前额长着一个长角，敢跟老虎、狮子、大象搏斗的猛兽。还有人把它描绘得凶猛强悍、能飞，猎人根本看不到它。可当怪兽看到美丽的姑娘时，会主动走到姑娘跟前，躺到她的脚下，十分温顺。因此，人们把独角兽和处女比喻为耶稣和圣母玛利亚。这类传说越来越多、越来越神奇，使独角兽成了一种至高无上的、令人生畏的高贵动物。传说中的独角兽也变成了鹰头，狮身。这些传说无形中促进了欧洲文化的发展。

在中世纪的传说中，神秘独角兽头上的角，有防治疾病和解毒的功效。因此，用它雕刻成的酒杯、盅、碗等器皿，被那些贪生怕死的皇宫贵族们视为珍宝，它的价值也与日俱增。据说罗马皇帝从海盗那里得到了两个独角，花费的黄金相当于今天100万美元。传说尽管流传了几个世纪，但独角兽到底是啥样，谁也没有见过，始终是个不解之谜。

1577年6月，探险家马丁·弗罗比舍带领一队人马去北极考察。在穿过北极附近时，遇到了风暴，眼看船队要遭灭顶之灾，绝望中他们发现了一座海岛，经过一场生死搏斗总算驶进一个海湾，登上了这个海岛，终于死里逃生。探险队登陆的地方就是巴芬岛的东南角。

巴芬岛是个荒无人烟的海岛，到处是冰天雪地，但总比在摇摇晃晃的船上要好，他们找了个避风较好的岩洞，暂时安顿下来。突然，一个队员惊叫起来："天啊！怪兽！怪兽！"马丁·弗罗比舍立即从岩洞里钻了出来，在这个冰雪覆盖的世界，在那个惊叫的队员跟前，有一条硕大的、体形特别古怪的"死鱼"。它的身体圆滚滚的，就像一条海豚，一只长达2米的独角破唇而出，洁白无瑕，活像一只大象牙。

马丁·弗罗比舍被眼前的怪物迷住了，尽管他天南海北到处探险考察，但从来没有见到海中还有这种怪兽。他围着这只怪兽转来转去，忽然想起欧洲人的传说，莫非这就是独角兽吗？为了要证实一下眼前的怪兽是不是独角兽，他马上想到可以用这只独角来解毒。于是，他跟队员们在岩洞里捉了一只剧毒的过冬蜘蛛，把它塞到独角孔里，大家都瞪着眼睛看那只蜘蛛的动静，约莫过了10分钟，毒蜘蛛果真死去了。幸运的避难者欣喜若狂，他们在九死一生中发现了珍宝。

马丁·弗罗比舍的船队回到欧洲后，向人们郑重宣布：传说中的独角兽被他们找到了，它是真实存在的。他们把那只珍贵无比的独角献给了英

王伊丽莎白。从此，在世界上传说了几个世纪的神奇动物终于被证实了。

16世纪中叶，科学更加发达，一批动物学家对独角怪兽发生了兴趣，他们终于在北极找到了这种怪兽的栖息之地，从而揭开了怪兽的真实面目。原来，它是一种鲸，叫一角鲸。

一角鲸的角，实际是雄鲸左上颌的一颗牙齿，当雄鲸性成熟时，这颗牙齿按反时针方向像螺旋一样朝左扭着向前生长。一角鲸长5～6米，这颗牙可长达3米。过去人们一直误认为是角，所以叫它一角鲸，其实应该改叫它"独牙鲸"。雌性一角鲸的牙齿和雄性鲸的右齿通常不发达，都埋在上颌骨中隐而不见。

长期以来，科学家们对一角鲸的这颗巨牙到底起什么作用众说纷纭。

有的说，是鲸潜入冰层需要吸氧气，用这颗牙来破冰捅洞，起着冰镐的作用。另一些科学家立即反对，提出：难道雌鲸不潜入冰层下吗？还有的科学家说，这颗牙是用来翻沙寻食的，可是一角鲸是以乌贼、鱼类以及虾蟹为食物的，这与这颗牙毫无关系。因此，前几种说法都难以使人相信。

近几年，有些科学家又有一种解释，说这颗巨牙是生殖季节雄性鲸之间为了争夺"爱妻"——雌鲸而进行格斗的武器。这种说法有些道理，但始终没有人见过这种决斗的场面。

为什么至今没有一种肯定的说法呢？因为一角鲸是珍稀动物，又生活在北冰洋，因此很难遇见，这给研究它的习性带来了一定的困难。

神奇的堪察加半岛

堪察加半岛在亚洲东北部，是俄罗斯的远东地区。"堪察加"在俄语中是"极遥远之地"的意思。半岛长1200千米，宽100～450千米，总面积有37万平方千米，是俄罗斯最大的半岛。在这个半岛上有许多奇异现象，因此被誉为"神奇的土地。"

当你登上这个半岛时，会发现许多大自然中很难相容的现象，在这里却比比皆是。堪察加半岛的地理位置靠近北极圈，岛上冬寒夏凉，高山上布满了大片冰川，是一个寒冷的世界。可是令人难以置信的是，半岛上又到处是火山和温泉。仅活火山就有28座，温泉、喷泉数以千计。游客们经常可以看到在雪山冰川的背景下，喷泉热气腾腾，火山冒烟或喷出红红的火光和火山弹。

有的温泉特别热，游客们把土豆和鸡蛋放进温泉里，10多分钟就煮熟了。高山植物生长在海边，现代的冰川和火山"和平共处"；紫罗兰花盛开在温泉旁的雪堆里，百米外是冰天雪地，百米内却温暖如春，鲜花盛开；成群结队的海鸥常常在鱼背上进食。这些大自然中水火不相容的事，却在这里相处得相当美妙和谐。

据说堪察加半岛的历史上曾有这样的记载：很古很古以前，火山口喷出的不是炽热的岩浆，而是无数透明的冰块。但造成火山喷冰的原因到底是什么，至今科学家还说不清楚。

在堪察加半岛，更令人惊奇的是有个被称为"动物坟墓"的山谷，许多活蹦乱跳的动物只要走进这个山谷，就会无缘无故丧生。

这个死亡山谷在克罗诺基火山的山脚下，谷里堆满了各种动物的白骨，有鸟的、狐狸的，还有熊的，数以万计。

森林看守人曾亲眼目睹一只想要吞食谷内动物尸体的熊，进去时活蹦乱跳的，途中还用爪子抓过脖子，摸过嘴巴，到尸体跟前刚张开血盆大嘴，忽然咕咚跌倒，四脚朝天，挣扎了几下就再也不能动弹了。还有人看到一只狐狸走进那条山谷，才走了500多米，忽然在原地打起转来，几分钟之后就躺在那里死了。据说还有30多个人先后因闯进此谷而丧命。

这个山谷并不大，长2千米，宽100~300米不等，但地势凹凸不平、坑坑洼洼，不少地方天然硫黄矿露出地面。

过去苏联科学家对这个"死亡谷"进行过多次冒险性考察和探索，但结论莫衷一是。有的人认为，"杀人祸首"是积聚在凹陷深坑中的硫化氢和二氧化碳气体；还有人说，致命原因可能是烈性毒剂氢氰酸和它的衍生物。可是令人不解的是，距离"死亡谷"仅仅一箭之遥，而且没有高山和森林阻隔的村民，却不曾受到这些毒气的影响，世代平安。因此，这种毒气之说显然不能令人信服。

当然"死亡谷"之谜不仅为堪察加半岛所独有，据说世界上有四大死亡谷。美国加利福尼亚州与内华达州相毗连的山中，也有一条"死亡谷"，长达225千米，宽6~26千米不等，面积达1400多平方千米。峡谷两侧悬崖峭壁，地势十分险恶。美国科学家曾进行过冒险考察，发现里面是飞禽走兽的"极乐世

界"，光野猪就有1500多头，但独对人类凶险，有不少找矿者死在谷里，加起来约一百多人。

意大利的那不勒斯和瓦维尔诺湖附近也有个死亡谷，它只对飞禽走兽有危害，人进去却太平无事。

印尼爪哇岛上的那个"死亡谷"更令人奇怪。谷中共有6个庞大的山洞，只要人和动物靠近洞口6～7米远，就会被一种神奇吸引力吸入洞内，再难逃出。所以山洞里至今已堆满了狮子、老虎、野猪、鹿以及人类的残骸。山洞里何以会具有这种活擒生灵的力量？吸进去的人和动物是中毒还是饥饿而死的？至今还是难解的奥秘。

日出而眠的岛国

一支英国科学考察队在大西洋上考察时，偶然在茫茫大洋中发现一个叫宁塞依斯的小岛。科学家们在那里发现一个秘密，岛上树林里居住着全身雪白的雪人族，这引起科学家们的极大兴趣，并开始了调查。

宁塞依斯岛位于大西洋的中部，面积不足50平方千米。岛上丛林茂密，沙滩宽阔，到处是清泉和果树。但这里交通闭塞，很少跟外界接触，是个"世外桃源"。

科学家首先发现，白天岛上寂静得出奇，偶尔有几只海鸥在波浪间飞翔。岛上没有人吗？不是。科学家们发现一些土地上种着庄稼，还有一些房子。后来发现，房子里住着300多人。这些人非常奇怪，他们白天睡大觉，夜晚繁星闪烁、皓月当空时，岛民们便走出茅舍，进行耕作，采摘水果或捕鱼。劳动之余三三两两地来到海边的沙滩上轻歌曼舞，悠扬的乐声久久地回荡在海空。直到月儿偏西、日出前夕，才回到各自的住处。对外界来说，这个宁静的海岛充满了神秘之感。

岛民"日落而作，日出而眠"的生活习惯是怎样形成的呢？原来这个岛并不是什么"世外桃源"，居住在岛上的部落是一个病态的部落。

由于地理位置和历史的原因，岛民的婚配几乎全在本部落内进行。在一个只有300多人的部落里，几乎人人互有亲缘关系，有的家庭夫妻双方甚至代代都是血亲。这种多代近亲婚配，导致了一种罕见的隐性基因遗传性疾病——白化病。白化病患者不能像正常人那样，把形成黑色素的物质转变为色素沉积在皮肤、头发和眼睛的虹膜中。由于缺乏这种黑色素，人的头发、皮肤、眉毛都是雪白的，正像神话中的"雪人"那样。这种"雪人"经不得日晒雨淋，因为缺乏黑色素，阳光的照射会引起皮肤溃烂发炎，日光中的紫外线也能灼伤眼睛。因此，岛民都惧怕阳光，只有晚上才能出来活动，这样便形成了昼伏夜出的生活习惯。

这种月光下的生活并没有给岛民带来欢乐，反而带来更大的不幸。

由于长期不见阳光，机体内维生素无法合成或吸收，因而导致多种营养缺乏，皮肤干裂，头发纤细，个子矮小，早衰多病，寿命短促，整个部落不是越来越兴盛，而是严重退化并面临着衰亡。

科学家们认为，要拯救这个孤岛上的部落，必须立即停止近亲婚配，但这还有待慢慢做工作。

壮观的长山群岛

大连是一座美丽的海滨城市，位于辽东半岛的最南端。不仅气候宜人，夏无酷暑，冬无严寒，而且拥有优良的深水海港。大连以其海滨风景著称，老虎滩、棒槌岛、旅顺口和老铁山风景等闻名遐迩，还有甚为优美而独特的海岛旅游胜地，这就是位于其东侧的长山群岛。

长山群岛位于辽东半岛东南，横跨黄海北部海域，共有岛屿50多个，总面积170余平方千米，有居民居住的岛屿有24个，人口7万。

群岛中面积超出25平方千米的有大长山岛、广鹿岛和石城岛，其中大长山岛面积是25.4平方千米，为长山群岛中第一大岛，是县人民政府所在地。面积在15平方千米左右的有小长山岛、海洋岛和獐子岛。

从诸岛屿的地理分布、地质构造和地貌等差异来看，群岛又可分为外长山、里长山和石城列岛三组群岛，外长山群岛包括海洋岛、獐子岛、褡裢岛、大耗子岛、小耗子岛和南坨子，呈东西排列。岛屿由绢云母片岩和石英岩构成。岛上山势高峻挺拔，山高一般在百米以上，海崖弯曲，水深港阔，到处是悬崖峭壁。像面积仅有18平方千米的海洋岛中就有20余座海拔200余米的山峰，其中哭娘顶高达388米。

长山群岛含大长山岛和小长山岛、广鹿岛及葫芦岛，也呈东西排列，诸岛屿由石英岩、板岩、千枚岩和片麻岩构成。山势低缓，一般不足百米，山脚下和沿海也分布零星平地。沙岸占诸岛屿海岸的1／4左右，滩涂面积广阔，适合各种贝类的养殖。石城列岛位于北部，主要由石城岛、大王家岛、寿龙岛和长坨子岛等组成。长山群岛海蚀地貌发育典型，有大小不等、深浅不同、形状各异的海蚀洞；壮观的海蚀桥在群岛上比比皆是；海蚀柱更是千姿百态。百蚀地貌为长山群岛增添了无限风光，是长山群岛拥有的独特的海滩旅游景观。

长山群岛系大陆岛屿，原属中朝古陆，后经断裂作用与辽东半岛分离。群岛所在的大陆架，主要为震旦系和寒武系，X型断裂非常发育，一组为北东东向，另一组为南东东向，还有一组为北北西向，半岛与群岛之间的里长山海峡，可能就是一条北东东向的深大断裂带。在这种断裂构造控制下，原先地面的岭谷排列成棋盘形。冰后期的海浸，使高起的岭峰成为海岛。海岛周缘受海浪侵蚀，崖壁峭立；而泥沙的堆积，又把邻近的一些小岛连成大岛，如大、小长山岛、石城岛和广鹿岛等。海岛之间的海底，除局部深水道受海流冲刷外，大部分基岩为浅海相的细沙和淤泥所覆盖。

长山群岛地处亚欧大陆和太平洋之间的中纬度，四面临海，故具备典型的温带季风气候特点，又因受海洋的调剂，气候温和适中。冬季不冷，夏季不热，年平均气温10摄氏度。全年降水量640毫米，无霜期213天，是辽宁省无霜期最长的地区。根据海岛的自然条件，海岛人民把群岛的山山水水安排得井井有条。岛上和大小山头全是松、槐柞等树木覆盖；大约海拔50米以下是层层梯田，再往下直延伸到海边则是平整的园田；近海建有人工养殖场。

辽阔的黄海和优越的地理条件为长山群岛发展水产事业提供了有利条件。海底植物繁茂，底质是松软的泥沙，也有各种贝类和鱼类生殖栖息所需要的岩礁。

长山群岛，宛如一颗颗未经雕琢的明珠镶嵌在我国北方沿海中，相信不久的将来，经过开发的长山群岛，必定会放射出更加耀眼的光彩。

鸟语花香的海驴岛

海驴岛坐落在山东省成县成山头西北的大海中。这是一个比较独特的小岛，岛上悬崖陡壁，花团锦簇，一群群海鸥往来盘旋其上，隔海望去，整个岛屿状似一只瘦驴卧于海中，所以称为海驴岛。

海驴岛距海岸1600余米，面积1312平方米。据神话传说，二郎神挑山填海曾行至成山，正行间忽闻东海有驴的叫声，西岸有鸡的鸣声，一惊扁担折断，挑筐随即落入海中，化为两座海岛。从此，人们便称东岛为海驴岛，西岛为鸡鸣岛，两岛之间各有一块耸天而立、高有数丈的石柱，便喻为"扁担石"。虽为神话，但两岛自然形状却与神话十分相配。

海驴岛上，山石景色，神奇莫测。经长久的潮水波浪冲击侵蚀，岛之四周岸崖已是满目疮痍，洞孔累累，千奇百怪，各具风韵。大的海蚀洞内可以行舟，小的海蚀洞则仅能容纳数人。粉红色的岩石，层层叠叠，造型生动，可谓步步有景，景景生情，令人心驰神往，回味无穷。

海驴岛是鸟的世界。登上海驴岛，只见岛上海鸥遍地，众多的海鸥"咕咕"地叫着。由于岛上尚无居民，也没有其他天敌，故海鸥之繁衍越演越烈。有时一大群海鸥同时栖息在一块岩礁上，几乎覆盖了整个岩礁，远远望去，宛如一块洁白的冰山呢！

海鸥大量繁衍生息在海驴岛，是与岛的自然条件和特殊地理位置分不开的。每当清明过后，即是海鸥产卵时期。产卵后月余开始孵化，这时海鸥很少离窝，即使人们去赶它，它也不愿离开。所以，海驴岛的海鸥，栖息在岛礁岩缝中的多，而飞翔在天空中的少。

鸟总是和花连在一起的。海驴岛不仅是鸟的世界，也是花的王国。据荣成县志记载，在唐代以前，岛上布遍耐冬花。每逢早春，耐冬鲜花盛开，漫山遍野均是花的海洋。因此，海驴岛又有冬华岛之美名。

几经沧桑，现在岛上的耐冬花可惜已绝迹，代替它的则是成方连片的山菊花。每逢金秋时节，金黄色的花朵便充分地开放起来，远远望去，一片金色，景色非常优美。

鲜为人知的南麂列岛

南麂列岛是一个景色优美而默默无闻的列岛。位于浙江南部的敖江口外，属平阳县管辖，距温州和平阳分别为50海里和30海里，总面积约12平方千米，由31个大小海岛组成，主要岛屿有南麂本岛等。南麂列岛以其丰富的贝藻海洋生物资源，被列为全国首批五个海洋自然保护区之一，亦是东海海域唯一的海洋自然保护区；同时它又以洁净的海水、深邃的港湾、峭立的岬角和奇特的岛礁，成为东海沿岸众多旅游性海岛中的佼佼者。

南麂列岛的海湾不仅数量较多，而且沙平流缓，景色优美，海滩形态上一般呈现狭深状。主要海湾有南麂港湾、国胜岙、马祖岙等。马祖岙在距岸250米之内，沙质滩面，是较好的海浴场所。

大沙岙沙滩浴场可能是浙沪一带沿海最理想的海滨浴场。大沙岙在南麂本岛的西南部，呈新月形，长达600多米，纵深达300余米。这里金黄色的沙滩纯净松软，湛蓝色的海水常年洁净透明。浴场两旁的岬角深入海中，自然环境幽雅秀丽，浴场淡水充足，滩地宽广，可同时容纳千人游泳。

在南麂列岛的31个海岛中，风景较佳的有23个。主要有南麂本岛、笔架山岛、小破屿及空心屿等。

南麂列岛诸岛屿大小不一，景观各异。每个岛屿，即是一个兼山海奇观的世外桃源、海上仙境。如位于大沙岙口内的虎屿，因其外形如一卧虎而得名。屿上可观奇石怪礁，还可听涛看海。

海礁因其受潮水涨落之故，有明礁、暗礁和干出礁之分。南麂列岛共有60余个海礁景点。

海礁的自然景观是十分独特的。

如有一座名叫"别有洞天"的海礁，有着与其名称相当的天然景观。其实，这是一个长形的海礁，位于南麂本岛的南端。由于海浪的长久冲蚀，形成了一个高达30余米、宽约10余米的贯通巨洞，宛若有一巨龙穿礁而过留下了这一巨孔，实质是一个残留的海蚀穹。

在此海礁四周围的海蚀平台上，遍布礁石，形状各异；平台上面，滩险水急，是听涛、垂钓、观日出的佳处。

在南麂列岛，出露于海中的岩石，具有观赏价值的很多，这样的岩礁景观约有30多处。如鼓浪涧，是一个有一条2米多长裂缝的凹形礁。每当东南风起，海水冲击此狭小裂缝中，会发出如钟鼓敲击般的美妙涛声。相传当年宋美龄甚爱听鼓浪涛声，每逢夏秋之交，东南风起，必登此礁聆听一番。

又如一名叫蜡烛礁的，位于大沙岙口的两侧，海浪冲击，崖体崩落，残留几根石柱，孤立海中，远远望去，宛如支支蜡烛。最长一支高达18米，有"擎天大柱"之别名。

南麂列岛上的人文历史景观较少，除在国胜山上有一个传说是郑成功当年在此练兵的练兵场，以及几处刻有虎林、海天打拱印、石首呈珠等字迹模糊的摩崖外，美龄别墅也是其中的一个重要景点。

形成于遥远地质时代的南麂列岛，因其优越的地理位置，拥有了华东沿海难得的天然海岛风景和海洋生物资源，加上尚未被污染和破坏的环境、清新的空气、清澈的海水和清洁的海滩，使人有一种人间仙境的感觉，置身其中，其乐无穷！

一衣带水的马祖列岛

马祖列岛地属福建省连江县，位于闽江口外，距大陆海岸只有数千米之遥，由高登、北竿、南竿、东犬、西犬等岛屿组成，它们犬牙交错地遍布在海上，与大陆一衣带水，隔海相望。列岛面积共27平方千米，迤逦绵亘，海域60海里，小岛上一片苍苍郁郁，绿树掩映，生机盎然。

马祖列岛具有优美的天然景色，阳光灿烂，海水湛蓝，由于造山运动的剧烈，马祖列岛外缘的褶曲构造特别明显，在景观上表现为山势巍峨，悬崖壁立，遍地奇石怪岩，造型千姿百态，十分生动。山峰云雾缥缈，四周碧海惊波，天空沙鸥翔游，渔帆点点，波光粼粼，不愧为一座名副其实的海上公园。

马祖列岛的主岛南竿港里，渔船处处，桅墙林立，岸上山间民房栉比鳞次，四周绿林重重，一片生机。岛上有诸多风景如画的建筑，如昆明亭、怀古亭、逸仙楼、云台阁等，楼阁筑于翠绿之中，四周林木苍翠，花红似火，环境优美。

马祖列岛的人文景观很多，其中"燕秀潮音"有两处：一处在北竿狮岭，一处在南竿仙洞。前者冈阜好像一头狮子，登冈远望，整个台湾海峡的风云变幻尽收眼底，且地多崖石，当海潮涨起时，拍岸冲石，响声轰然；而后者仙洞深不可测，飞浪激岩，回响不绝。

"福澳渔火"一景，颇为迷人。它位于南竿岛的东岸，海天无际，烟波浩瀚。每当夕阳斜辉，渔舟晚归，静泊港池，浩浩荡荡，十分壮观。尤其夜幕降临，渔火四起，闪烁不定，形同流萤相扑，布满海面，景色至为动人。

在近几百年里，马祖列岛与我国的民族英雄抗敌事迹，有着很深的渊源。明代的剿倭名将戚继光，即曾派军驻过马祖列岛，建烽火台以报警，监视海面，倭患遂绝。今日东犬岛上还有一块碑石，记载着明代剿倭的事迹。而明末的郑成功，为了抗清，也曾选拔过50名精壮校尉驻防在马祖列岛。别看马祖列岛非常之小，它为保卫祖国还出力不少呢！

海上花园厦门岛

厦门岛上有许多白鹭栖息，海岛又形似一只美丽的白鹭，荡漾在闽南的碧波之上，于是就有了鹭岛、鹭门等名称；又因为这海岛之上"山无高下皆流水，树不秋冬尽放花"，万年无飞雪，四季花常开，所以被称为海上花园。

厦门位于闽南九龙江口的厦门岛上，以前是海岛，后来修建集美海堤和杏林海堤后，乃与大陆相连，成为一个半岛。现在火车、汽车、海轮、飞机均可直抵厦门市内，交通十分方便。

自古以来，厦门就是我国东南沿海的海防要地，原属同安县。元、明时期为防倭寇侵扰，在此设立防哨。明洪武二十七年即1394年，在岛上筑城，名为厦门城，意取"大厦之门"，以显其战略地位之重要。清代设厦门厅，1933年设厦门市。

厦门港是我国东南沿海的重要港口之一，可泊万吨船只。厦门附近鱼类资源丰富，盛产带鱼、鲳鱼、鲨鱼、墨鱼、海参、对虾、蛏子等，物产丰富。尤其是厦门文昌鱼，驰名中外，是著名的美味佳肴。

厦门是典型的亚热带海洋性气候，冬无严寒，夏无酷暑，全年温差小，气候十分宜人。

厦门一带以花岗岩为主要岩石，故山体多呈浑圆形，山上多怪石奇岩，坡上多花草林木，降水丰沛，山中多流泉飞瀑，依山濒海，山海之景兼有。厦门风景绮丽，名胜古迹数不胜数，其中最具特色和著名的海滨风光点，要数南普陀寺、万石植物园、胡里山炮台、厦门古城遗址、厦门大学等。

南普陀寺在厦门大学旁边，寺中供奉观世音菩萨，与浙江普陀山共奉

一佛，位置在南方，故称南普陀寺。

南普陀寺始建于唐朝，后几经沧桑易名，现存为清代康熙年间重建。寺庙背依五老峰，面临大海，具山海之景，风水极佳。

万石植物园位于万石岩一带而得名。这里早为名胜风景游览区，附近有闻名的厦门八大景之一"虎溪夜月"和小八景的"朝天笏"、"中岩玉笏"、"太平石笑"等。20世纪50年代建了一个库容15万立方米的万石岩水库。60年代初，辟为植物园，建有标本大楼、花展馆、茶室、仙人球培养场、萌生植物棚，拥有热带、亚热带的花草树木和各种植物品种

4000多种。"松杉园"为园中之园，长年林木葱郁，不知秋冬。园内山水秀美，一年四季，花香鸟语，潺潺水流，令人流连忘返。

在狮山北坡的最上方，有太平岩。太平岩前洞泉隐伏，流水淙淙。更奇特的是在极乐天摩崖石刻下，有厦门小八景之一的"太平石笑"。此石由四块不同的天然岩石相叠而成，上面两块巨石相互贴合，另一端张开，宛若开口在笑，生动形象。石上题有"石笑"两字。

白鹿洞位于厦门东北玉屏山南，虎溪岩背后。有六合洞、朝天洞、宛在洞等洞景，原有三宝殿和

僧舍，相传为朱熹在庐山白鹿洞书院讲学时，曾来过此地，后人纪念他就为此起名"白鹿洞"。洞内有白鹿泥塑一尊，因常有烟雾涌出，缕缕可见，所以有"白鹿含烟"之称，为厦门小八景之一。

胡里山炮台是厦门甚为著名的历史遗物，位于厦门东南的胡里海滨。

这里地势高峻险要，面临大海，视野开阔，与隔海屿仔尾互为犄角，可控制厦门港口，历来为海防要塞。清光绪十七年即1891年，福建水师在此筹建炮台。1896年竣工。炮台内至今尚保存一尊德国克虏伯兵工厂造的大炮，附近墙堡雉堞兵舍都保存完好，是一个比较完整的历史遗迹。

我国最大的岛屿——台湾岛

台湾岛是一个名驰海内外的美丽岛屿，早在明朝嘉靖二十三年即1544年，一队葡萄牙商船从欧洲前来东方做生意，当船队驶进台湾海峡时，向东眺望，万顷碧波之中，浮现一列绿如翡翠般的岛屿，这就是台湾岛。船员们惊呼"福摩萨！福摩萨！"意思是美丽极了！从此美丽的台湾岛的美名随着欧洲航海家的行踪传遍全球。

台湾岛，是我国最大的海岛。其南北长394千米，东西最大宽度为144千米，环岛周长为1139千米，面积35788平方千米。它东临浩瀚的太平洋，南界巴士海峡，与菲律宾遥遥相望，西隔台湾海峡，与福建省相邻，东北方与琉球群岛遥相呼应，构成了我国东南海面上的天然屏障。

台湾岛地势复杂，以山地为主，平原较少，河流湍急，景色秀丽。阿里山、日月潭等著名风景区自然不用多说，就是环绕这个美丽宝岛的四周海岸，或海滩平缓柔软，或海崖临海壁立，或礁石奇形怪状，或椰树婆娑起舞，各具风采，美不胜举。

台湾地跨亚热带与热带两个气候带，北回归线正好穿过本岛中央。除局部高山地区外，全岛平均气温都高于20摄氏度，常年湿热，没有寒冬，南北温差十分微小。最热的夏天，因四面环海，海风吹拂，所以并无闷热之感。至于山区，气温随海拔的增高而递减，甚至可出现温寒带的景观。

台湾岛的降水量十分丰沛，每年一般达2000毫米以上的降水，使得全岛树木蔽日，花草丰茂，所谓四季之花常开，一年到头春色盎然。

台湾岛的物产十分丰富。肥沃的土地，充足的阳光，丰沛的降水，加上勤劳的人们，使台湾赢得了"米仓"、"水果之乡"、"森林之海"

等美名，饮誉海内外。

台湾岛沿海诸景中，以野柳海岸公园、清水断崖、恒春半岛以及众多的海滨浴场最为引人。此外，台湾岛附近的诸多小岛，如澎湖列岛、琉球屿、彭佳屿等，景色都很美丽，各有特色。

野柳风景区，位于台北市万里乡，原是个淳朴无华的天然港湾，是野柳村附近的一处海岸岬角。20世纪60年代初，探幽访胜的游客发现了这片神奇的海滨。这里海岸上耸立着各种奇形怪状的礁石。原因是海浪的长期冲蚀，将这里的岩石雕刻得千姿百态，有的像女王头，有的像仙女鞋，有的像海龟等等。加上野柳渔村天然

的乡村风光，使这里变成一个遐迩闻名的风景区。

在野柳风景区内的奇石中，以"女王头"等奇石最为著名。"女王头"是屹立在野柳风景区内最为引人注目的一块奇石，它的侧面酷似一位发髻高耸、神态端庄、宁静安详、曲线极其柔和美丽、风韵无比的女王，每年"接见"着成千上万的游客。但是，二十几年来，由于游客的酷爱，来此地游览的旅行者无一不驻足细细观赏、抚摸、攀登，甚至刻写等，加上带着咸味的海风长期的吹蚀，"女王"的脖子已变得越来越细了。为此，台北市有关部门为了保护"女王头"，曾用喷雾器在女王的脖子上喷

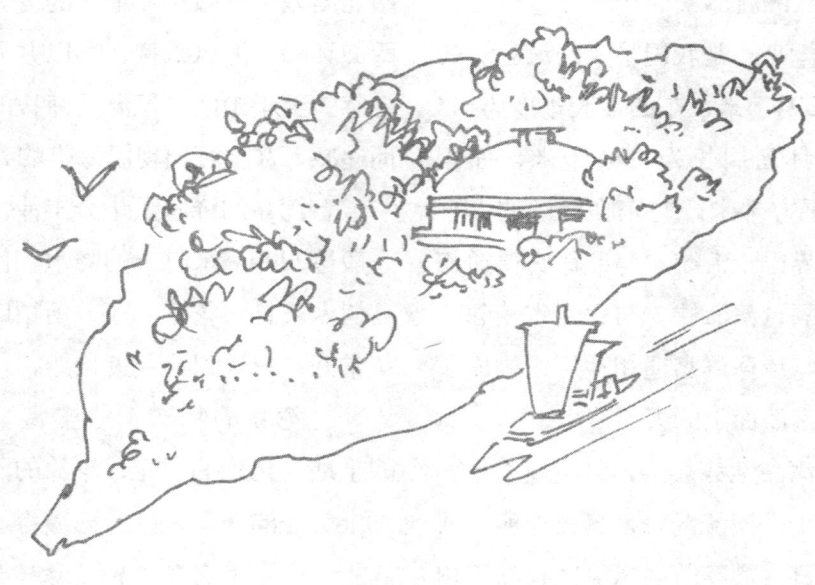

糊了一层水泥浆，但是不到三个月，水泥浆脱落风化，弄得斑斑驳驳，好像女王玉颈上围着一条破烂的围巾似的。后来，有关部门还试图在岩石中钻孔插进钢筋，终因岩石结构复杂而宣告失败。自此以后，便再也不敢乱加保护措施。

清水断崖是台湾东部主要风景点之一，位于宜兰县清水站以南的苏花公路最险处。

清水断崖，号称世界第二大断崖。其长21千米，海拔700米。它是由于海岩山地发生断裂，断裂东侧断块陷落，形成今日台湾东部为深深的海洋，而西侧断块则形成一条横亘台湾东部的巨大海岸断崖，清水断崖无疑是其最为险峻者。在我国大陆长达18000千米的海岸线上，几乎无法见到这种壮观的地貌。台湾东部的海岸断崖是我国唯一的海岸断崖景观了。

恒春半岛位于台湾岛的最南端，由于一年四季气温在20～28摄氏度之间，树木常绿，鲜花盛开，所以被人们称为台湾的夏威夷。

恒春半岛的主要景点有鹅銮鼻、恳丁海水浴场、热带树木园、猫鼻头等十几处。

鹅銮鼻，在台湾排湾族语言里的意思是帆船。它由中尖山脉蜿蜒南来，形成一条长达5千米、宽2千米的山脊，像一条南天巨龙盘踞在巴士海峡，把太平洋、巴士海峡和台湾海峡分割开来。鹅銮鼻又与西边的猫鼻头两个岬角组合在一起，就像台湾岛的南部两个触角，伸向汹涌的大海之中。

鹅銮鼻以其巨大的航海指示灯塔而著名。鹅銮鼻灯塔坐落在那里一个高约94米的临海小山之上，建于1883年，塔身是烟囱般的白色圆柱形建筑。塔周118米，高18米，内分四层，像一个白色巨人巍然屹立在海岸边。塔内灯光每隔10秒钟自动闪亮一次，光线可达20海里，是远东最大的航海指示灯塔。

在鹅銮鼻以北不远处的香蕉湾海滨，有一巨石岿然屹立在波涛汹涌的大海之中，它高约10多米，远远望去恰似船上的风帆在迎风疾驰，故人称"风帆石"，是恒春半岛上的一处奇景。

恳丁国家公园地域宽阔，东至太平洋，西临台湾海峡，北至南仁山北，南濒巴士海峡，海陆面积达32630多公顷，其中陆地面积为17730多公顷，分划生态保护区、特别景观区、史迹保存区、游憩区及一般管制区等五个区。

园内有一座海拔300米的小山，山上突起一峰，名曰"观日峰"，是个高仅20多米的珊瑚岩礁。岩顶建有一圆形展望台，是全园的最高点。扶栏放眼，北面山峦起伏，层层叠叠；东南汪洋无际，海天一色；向西望去，广袤林海直连台湾海峡，林涛茫茫，绿浪万顷，沧海渺茫，烟波千里。

在恒春半岛还有一处胜景，这便是佳乐水。它位于恒春镇东约18千米的太平洋海边。这里是一片海岸珊瑚礁岩受风化后形成的景观奇特的岩岸，因地壳变动和海浪冲蚀而出现各种的壶穴、方格石、海蚀平台、蜂巢石、珠石等，形态千变万化。这条瑰奇的岩岸风景线长达数千米，一路所见无不令人赞叹不已。

宝岛台湾由于其得天独厚的地理位置，山高水流，溪谷幽深，悬崖峻险，动植物资源十分丰富。为了保护独特的生态环境及自然资源，目前台湾已建立了四大自然公园。它们分别是玉山公园、太鲁阁公园、阳明山公园和垦丁公园。

玉山自然公园，方圆达10.5万多公顷，大致以玉山主峰为中心，东抵台东纵谷，西至阿里山脉，南到关山棱线，北达郡大山，是台湾岛上四大自然公园中最大的一座。

玉山公园内，群峰相连，气象万千。在主峰旁边，有一玉山高峰，海拔亦高达3940米，三面断崖，极难攀登，冬季一到，更是冰封雪飘，人迹难至。因此台湾居民对能有勇气攀登上玉山的人敬佩万分。目前，随着登山探险活动的渐渐开展，攀登玉山的人也日益增多。与玉山主峰邻近的南峰，山势较平缓些，但岩峰交错，也少有人登攀。玉山北峰和西峰，箭竹丛生，林壑幽美，树石相盘，蔚为奇观。峰与峰之间的汇水区域内，或有瀑布，或有山泉，流淌峰峦之间，在山峰之雄壮的身姿下，增添了许多生气与阴柔。其中有一水潭名为塔芬池，出露在一片青葱苍翠的草地中，湖水犹如眼白和瞳孔般形成两个同心圆，奇丽无比，有"草原眼眸"之美名。

由于海拔高，气候多变，温差大，土壤条件亦不一致，加上自然公园面积较大，故公园中树木种类繁杂，动物众多。山麓的天然阔叶林随处可见，排云山庄的白木林，更是远近闻名。全岛最高的柏树林位于玉山南峰的西坡上，站在3500多米的山巅上，俯视脚边的圆柏、玉山杜鹃等，让人惊叹其生命力的顽强。玉山的动物多达400多种，其中以台湾黑熊为最珍贵。还有一珍稀动物，叫"山椒鱼"，人称"活化石"，一般生活在3000米海拔左右的溪涧，因其是百万年前冰川时期的孑遗动物，如天目山之银杏、水杉一般，十分珍稀。

太鲁阁自然公园，位于台湾岛东部山区，以峡谷陡崖为其特征。由于强烈的造山运动，地壳持续上升，河流相应地强烈持续下切，形成了这座自然公园的"V"型峡谷。太鲁阁公园，范围为9.2万多公顷，域内多名山大岭，百岳之中有27岳即在此公园之内。

园内还有一处名叫"神秘谷"的景区。神秘谷保存了相当程度的原始风貌，溯溪而上，两崖岩石交错，树木葱茏，还有众多的蝴蝶及热带雨林景观。

阳明山自然公园位于台北地区，占地1.1万多公顷，是台湾北部火山地貌景观保存较好的自然公园。

阳明山公园受海洋性气候的影响，天气湿润温和，四季花开不败，是个赏花的好去处。春天是阳明山的花季，加上烟雨迷蒙的春雨，更添花海秀色与魅力；夏季登上七星山，经常可以看台北地区的风云变幻，山上山下一派郁郁苍苍；秋天，遍山兰花随风摇曳，如银白浪涛，形成著名的"大屯秋色"；冬天，寒流过境，火山地带气温急剧下降，形成台湾难得

一见的雪花纷飞的胜景。

阳明山自然公园内有三处生态保护区。保护区内有完整的原始阔叶林，林内多奇花异草，珍稀走兽飞禽，饶有原始风貌，还有箭竹遍野、兰花处处的植物栎相。在朦胧神秘的七星山梦幻湖保护区，湖边的"台湾水韭"是极富学术研究价值的稀有植物。

阳明山自然公园内，最主要的景观是大屯山、七星山、竹子山等组成的火山群体。众所周知，台湾岛地处太平洋边缘，亚欧大陆板块的东端，是一个多火山、多地震地区。这些火山虽近期并无喷发现象发生，但余热仍持续喷发。在海拔200～1200米的火山群中，造成了数量颇多的喷气孔和温泉。在小油坑地热区，温度达100℃左右的硫黄气体终年不绝地从地下喷出，发出嘶嘶的声音和呛鼻的气味。万年前的植物久经风化以后，与绿中透黄的硫黄结晶点缀在喷气口四周。

阳明山公园内别具特色的火山风貌，使它长久以来一直在台湾享有盛名。

台湾岛的美妙景色，自古以来就为世人所称赞，而且物产非常丰富。誉称宝岛，名副其实。